システムアーキテクチュアナレッジ 林口裕志

本書内容に関するお問い合わせについて

このたびは翔泳社の書籍をお買い上げいただき、誠にありがとうございます。弊社では、読者の皆様からのお問い合わせに適切に対応させていただくため、以下のガイドラインへのご協力をお願い致しております。下記項目をお読みいただき、手順に従ってお問い合わせください。

●ご質問される前に

弊社Webサイトの「正誤表」をご参照ください。これまでに判明した正誤や追加情報を掲載しています。

正誤表　https://www.shoeisha.co.jp/book/errata/

●ご質問方法

弊社Webサイトの「刊行物Q&A」をご利用ください。

刊行物Q&A　https://www.shoeisha.co.jp/book/qa/

インターネットをご利用でない場合は、FAXまたは郵便にて、下記"翔泳社 愛読者サービスセンター"までお問い合わせください。
電話でのご質問は、お受けしておりません。

●回答について

回答は、ご質問いただいた手段によってご返事申し上げます。ご質問の内容によっては、回答に数日ないしはそれ以上の期間を要する場合があります。

●ご質問に際してのご注意

本書の対象を越えるもの、記述個所を特定されないもの、また読者固有の環境に起因するご質問等にはお答えできませんので、予めご了承ください。

●郵便物送付先およびFAX番号

送付先住所　〒160-0006　東京都新宿区舟町5
FAX番号　　03-5362-3818
宛先　　　　（株）翔泳社 愛読者サービスセンター

※著者および出版社は、本書の使用によるシスコ技術者認定試験の合格をいっさい保証いたしません。
※本書に記載されたURL等は予告なく変更される場合があります。
※本書の出版にあたっては正確な記述につとめましたが、著者や出版社などのいずれも、本書の内容に対してなんらかの保証をするものではなく、内容やサンプルに基づくいかなる運用結果に関してもいっさいの責任を負いません。
※本書に掲載されているサンプルプログラムやスクリプト、および実行結果を記した画面イメージなどは、特定の設定に基づいた環境にて再現される一例です。
※Ciscoは、米国Cisco System社の登録商標です。
※その他本書に記載されている会社名、製品名はそれぞれ各社の商標および登録商標です。
※本書では™、®、©は割愛させていただいております。

はじめに

　本書を手に取っていただきありがとうございます。本書はIT業界で新しく仕事を始める方、特にネットワークの分野で新しく仕事を始める方を対象として執筆しました。

　近年、ネットワークの分野は様々な新しい技術が登場し、今まで以上に急速に発展を続けています。しかしながら、ネットワーク技術が発展を続ける一方で、これらの新しい技術分野をカバーし、扱うことができるネットワークエンジニアが足りているとは決していえない状況です。CCNA資格を取得し、技術者と認定されることによって、自身の技術を証明することができ、この人手不足ともいえるネットワーク業界で活躍する裾野を広げることができます。

　本書は、みなさんがCCNA学習の最初の一歩を気持ちよく踏み出せるように、「なぜ？」や「どうして？」と思われるような点を分かりやすく説明することを心掛けました。例えば、CCNAの試験対策としてだけであれば「OSI参照モデルという通信モデルが存在する」ということだけを知っておいて、その特徴を抑えていけばいいのかもしれませんが、本書では「なぜOSI参照モデルという通信モデルが必要なのか」「OSI参照モデルがあることによってどういうメリットがあるのか」といった、誰しもが最初に思うもっと根本的な疑問を解決するような解説を盛り込んでいます。

　また本書の特徴として、通信の仕組みをイメージしやすいように、多くの図を取り入れました。さらに、一つ一つのトピックが見開きの2ページで完結するようにまとめています。そのため、本書を読み終えた後も、ふと気になったことを改めて振り返る際に、辞書的な用途としても活用できると思います。

　最後になりますが、本書がCCNA合格を目指すみなさんの助けになれば幸いです。また、本書を通じて、ネットワークという分野の面白さ・奥深さという部分にも触れていただき、みなさんがこの業界で大きく羽ばたいてご活躍していくことを願ってやみません。

システムアーキテクチュアナレッジ　林口裕志

●CCNA/CCENTについて

▍CCNA/CCENTとは

「CCNA（Cisco Certified Network Associate）」と「CCENT（Cisco Certified Entry Networking Technician）」とは、世界的にも最大手のネットワーク機器メーカーであるCisco Systems社（以下、Cisco社）が認定しているシスコ技術者認定資格のひとつです。この認定資格は様々な分野に分かれており、試験の種類・難易度は非常に多岐にわたります。

分野/難易度	エントリー	アソシエイト	プロフェッショナル	エキスパート	アーキテクト
クラウド	ー	CCNA Cloud	CCNP Cloud	ー	ー
コラボレーション	ー	CCNA Collaboration	CCNP Collaboration	CCIE Collaboration	ー
サイバーセキュリティオペレーション	ー	CCNA Cyber Ops	ー	ー	ー
データセンター	ー	CCNA Data Center	CCNP Data Center	CCIE Data Center	ー
デザイン	ー	CCDA	CCDP	CCDE	CCAr
インダストリアル	ー	CCNA Industrial	ー	ー	ー
ルーティング＆スイッチング	CCENT	CCNA Routing and Switching	CCNP Routing and Switching	CCIE Routing and Switching	ー
セキュリティ	ー	CCNA Security	CCNP Security	CCIE Security	ー
サービスプロバイダ	ー	CCNA Service Provider	CCNP Service Provider	CCIE Service Provider	ー
ワイヤレス	ー	CCNA Wireless	CCNP Wireless	CCIE Wireless	ー

（Cisco社Webページ内「シスコ技術者認定」ページより引用
https://www.cisco.com/c/ja_jp/training-events/training-certifications/certifications.html）
※2019年4月時点での情報になります。

　本書のターゲットは、色付けしている「CCNA Routing and Switching」（ルーティング＆スイッチング）という分野の試験になります。筆者の主観とはなりますが、一般的にCCNAというと、この「Routing and Switching」の分野・試験を指すことが多いのではないでしょうか。

　この「CCNA Routing and Switching」の資格は、Cisco社のネットワーク製品であるルータとスイッチを用いた各種ネットワークインフラの取り扱い能力を証明するための資格で、対象としては小/中規模の企業ネットワークを構築・管理できることを目標としています。ネットワークの基礎的な仕組みや知識について問われるのはもちろんのこと、さらに実際にCisco社のルータやスイッチの操作方法などについても問われま

す。一方「CCENT」は、そのCCNAよりもさらに入門レベルの資格で、CCNAを取得する過程でCCENTの資格も取得できるような仕組みになっています。詳しくは次項の「CCNA/CCENTの取得方法」をご確認ください。

「Routing and Switching」の分野を最初に学習する意図は、ルータやスイッチといった機器がネットワークを構築するうえで欠かすことのできない機器で、その機器の特徴や操作方法を理解できるからです。そのため、この分野では、上記でも述べたように、まず初めにネットワークとはどういった役割をするのか・通信が相手に届くまでの仕組みがどうなっているのかといったことも学んでいきます。つまり初学者が最初に理解しておかなければならない基礎的な知識を身に付けることができ、さらに資格取得でそのような知識があることをアピールできるうってつけの資格となっています。

CCNA/CCENTの取得方法

CCNAを取得するには、1つの試験（CCNA）に合格することで資格取得する方法と、ICND1・ICND2という2つに分かれた試験の両方に合格することで資格取得する方法の2パターンがあります。どちらの方法で取得したとしても差はありませんので、ご自身の好きな方法を選択することができます。

これらの試験の特徴は以下のようになっています。

試験名	試験時間	問題数	受験料
CCNA	90分	60～70問	36,400円（税抜）
ICND1	90分	45～55問	18,480円（税抜）
ICND2	90分	45～55問	18,480円（税抜）

※2019年4月時点での情報になります。

● CCNA（試験番号200-125J）

この試験に合格すると、CCNAおよびその入門レベルの資格であるCCENTの資格も同時に取得することができます。一度の試験でCCNAの全範囲を網羅するため、下記のICND1・ICND2の試験よりも試験範囲が広くなっています。

● ICND1（試験番号100-105J）

この試験に合格することで、CCENTの資格を取得することができます。筆者の主観となってしまいますが、CCNAの全試験範囲のうちのネットワーク基礎やルータやスイッチの基本操作といった、前半に該当する部分が試験範囲となっています。

●ICND2（試験番号200-105J）
　ICND1に合格し、かつICND2に合格することでCCNAの資格取得となります。CCNAの全試験範囲のうちの後半に該当する部分が試験範囲となっています。
　※ICND2だけを取得しても、CCENT認定・CCNA認定とはなりませんので、注意が必要です。

試験の申込方法や問題形式など

　試験はCBT（Computer-Based Testing）方式と呼ばれる、コンピュータ上で行う方式になります。シスコ技術者認定試験はピアソンVUEによって運営され、全国ピアソンVUEテストセンターで受験することが可能です。テストセンターごとの定休日などの違いはありますが、申し込みを行えば希望の日時に受験できます。試験の申し込みの詳細はCisco社Webページ内「シスコ技術者認定」ページ、もしくはピアソンVUEのWebページを参照してください。

```
Cisco社       : https://www.cisco.com/c/ja_jp/training-events/training-certifications/
                certifications.html
ピアソンVUE   : https://www.pearsonvue.co.jp/Clients/Cisco.aspx
```

　試験の問題はすべてコンピュータ上で行いますが、出題される問題形式は様々なものがあります。CCNAの試験で出題される代表的な形式には以下のものがあります。

●選択問題
　5つ前後の選択肢から正解を選択する形式です。大部分の問題はこの形式となります。

●ドラッグアンドドロップ問題
　複数の項目と選択肢をマウス操作のドラッグアンドドロップによって正しく結び付ける問題です。

●シナリオ問題
　特定のネットワーク構成に関して、ルータやスイッチの設定内容を、実際にコマンドを実行して確認し、4つ前後の設問について回答する問題です。

●シミュレーション問題
　ネットワーク機器の操作を疑似的に再現した環境で、ネットワーク機器の設定を正し

く行えるかどうかを問う問題です。条件に沿った設定をルータやスイッチ実際にコマンドを実行して行っていきます。

本書の効果的な学習方法

本書は次の内容でCCNA試験合格の足掛かりとなる学習を進めていきます。

●1時間目～5時間目：ネットワークの基本的な仕組みと各レイヤの特徴を解説

CCNA試験、特にCCENTの試験範囲で必要となるネットワークの基礎の部分を体系的に分かりやすく解説しています。まずはこの部分の理解を深め、ネットワークの仕組み・通信が相手に届く仕組みを理解していきましょう。基本的に、1日で1コマの授業を読み切れるような内容量にしています。特に初回に読み始める場合は、ある特定の授業に固執するのではなく、5時間目までを止めることなく読み進めて、ネットワークの全体像を理解するようにしてください。

また、各授業の終わりには、その授業で学習した内容を復習する問題も掲載しています。中には実際に試験で出題されるような少し難しい問題もありますが、解説をしっかりと読んで、実力を付けていきましょう。

●6時間目：Cisco製のルータやスイッチの特徴やコマンドを解説

ここでは、ルータやスイッチの動作の特徴や機能を解説するとともに、いくつかの設定コマンドについても解説しています。ここで説明する内容をすんなりと理解するためには、ネットワークの基礎についてしっかりと理解しておく必要があります。5時間目までの内容を確実に頭に入れたうえで6時間目を読み進めるようにしてください。

●7時間目：ネットワークの構築の流れを解説

7時間目では、6時間目までの内容の総まとめとして、50人規模の小さな社内ネットワークを構築するという、実際の業務内容を想定したケーススタディを行います。直接的にCCNAの試験とは関係ないこともありますが、これからみなさんがネットワークエンジニアとして業務を行っていくうえで知っておくべきことや押さえておくべきポイントを解説しています。

本書の学習を終えた後は

本書では初学者の方にも分かりやすいように、ネットワークの基礎や通信の仕組みを

中心に解説をしています。ルータやスイッチの機能について、あるいはいくつかのコマンドについても紹介はしていますが、CCNAの試験対策としては十分ではありません。次のステップとして、より専門的なCCNAの参考書をもとに学習すると良いでしょう。本書のシリーズ書籍として、次の参考書を併用して学習することでさらなるスキルアップにつながり、合格に効率よく近づくことができます。

シスコ技術者認定教科書
CCENT/CCNA
Routing and Switching ICND1編 v3.0
テキスト＆問題集

［対応試験］
100-105J/200-125J

シスコ技術者認定教科書
CCNA
Routing and Switching ICND2編 v3.0
テキスト＆問題集

［対応試験］
200-105J/200-125J

○読者特典のご案内

本書の読者特典として、Cisco社が提供するネットワークシミュレーションソフトウェア「Packet Tracer」（パケットトラッカー）のインストール＆操作ガイドをご提供いたします。試験対策にお役立てください。また、詳細は以下のWebサイトをご覧ください。

https://www.shoeisha.co.jp/book/present/9784798160047

・会員特典データのダウンロードには、SHOEISHA iD（翔泳社が運営する無料の会員制度）への会員登録が必要です。
・会員特典データに関する権利は著者および株式会社翔泳社が所有しています。許可なく配布したり、Webサイトに転載することはできません。
・会員特典データの提供は予告なく終了することがあります。あらかじめご了承ください。

CONTENTS〈目次〉

はじめに ･･･ 3
CCNA/CCENTについて ･･････････････････････････････････････ 4

1 時 間 目

ネットワークのきほん　15

[ネットワークの基礎]
1-1 ネットワークって何? ･･･････････････････････････････････ 16
1-2 コンピュータネットワークでできること ････････････････････ 18
1-3 LANとWAN ･･･ 20
1-4 インターネットの仕組み ････････････････････････････････ 22
1-5 ネットワークの構成要素 ････････････････････････････････ 24
1-6 ネットワーク機器の種類と役割 ･･････････････････････････ 26
1-7 通信データの正体 ･････････････････････････････････････ 28

[進数計算の基本]
1-8 2進数、10進数、16進数の考え方 ･･･････････････････････ 30
1-9 2進数と10進数の変換方法 ･････････････････････････････ 32
1-10 2進数と16進数の変換方法 ･････････････････････････････ 34

【実際に体験してみよう!】
進数変換の問題にチャレンジしよう! ･･････････････････････････ 36
CUI操作でテキストファイルを開いてみよう! ･････････････････ 38

【問題に挑戦してみよう!】
1時間目の確認問題 ･･ 42

2時間目
OSI参照モデルのきほん　45

[OSI参照モデル]
2-1　プロトコルって何？ ･････････････････････････････････････ 46
2-2　OSI参照モデルって何？ ･････････････････････････････････ 48
2-3　上位3階層の役割 ･･･････････････････････････････････････ 50
2-4　トランスポート層の役割 ････････････････････････････････ 52
2-5　ネットワーク層の役割 ･･･････････････････････････････････ 54
2-6　データリンク層の役割 ･･･････････････････････････････････ 56
2-7　物理層の役割 ･･ 58

【実際に体験してみよう！】
自分のPCのIPアドレスとMACアドレスを調べてみよう！ ･････････････ 60

[カプセル化と非カプセル化]
2-8　カプセル化って何？ ･････････････････････････････････････ 64
2-9　非カプセル化って何？ ･･･････････････････････････････････ 66
2-10　各レイヤの「PDU」の名称 ･････････････････････････････ 68

[その他]
2-11　TCP/IPモデルって何？ ････････････････････････････････ 70
2-12　ユニキャスト・ブロードキャスト・マルチキャスト ･････････････ 72

【問題に挑戦してみよう！】
2時間目の確認問題 ･･･ 74

3時間目
物理層とデータリンク層の役割　79

[物理層]
3-1　物理層の概要 ･･ 80
3-2　有線ケーブルの種類 ･････････････････････････････････････ 82
3-3　ストレートケーブルとクロスケーブル ････････････････････････ 84

3-4　ネットワークトポロジの種類・・・ 86
3-5　リピータハブの動作・・・ 88

[データリンク層]
3-6　データリンク層の概要・・ 90
3-7　MACアドレスの構造・・・ 92

【実際に体験してみよう！】
MACアドレスからNICの製造元を確認してみよう！・・・・・・・・・・・・・・・・・・ 94

3-8　フレームのフォーマット・・ 96
3-9　トレーラによる通信のエラーチェック・・・・・・・・・・・・・・・・・・・・・・・・・・・・・・ 98
3-10　スイッチ・スイッチングハブの動作・・・・・・・・・・・・・・・・・・・・・・・・・・・・・・・ 100
3-11　全二重・半二重通信と通信のコリジョン・・・・・・・・・・・・・・・・・・・・・・・・・・ 102
3-12　CSMA/CDによるコリジョン回避・・・・・・・・・・・・・・・・・・・・・・・・・・・・・・・ 104
3-13　コリジョンドメインとブロードキャストドメイン・・・・・・・・・・・・・・・・・ 106
3-14　スイッチによるフレームの転送方法・・・・・・・・・・・・・・・・・・・・・・・・・・・・・・ 108

【問題に挑戦してみよう！】
3時間目の確認問題・・・ 110

4 時 間 目
ネットワーク層の役割とIPアドレスの仕組み　115

[ネットワーク層]
4-1　ネットワーク層の概要・・ 116
4-2　パケットのフォーマット・・ 118
4-3　ルータの動作・・ 120

[IPアドレス]
4-4　IPアドレスの構造・・・ 122
4-5　IPアドレスとサブネットマスクの役割・・・・・・・・・・・・・・・・・・・・・・・・・・・・ 124
4-6　サブネットマスクとネットワークの関係・・・・・・・・・・・・・・・・・・・・・・・・・・ 126
4-7　IPアドレスのクラス分類・・・ 128

4-8	サブネット化の考え方① ネットワークの個数を求める	130
4-9	サブネット化の考え方② IPアドレスの総数を求める	132
4-10	ネットワークアドレスとブロードキャストアドレス①	134
4-11	ネットワークアドレスとブロードキャストアドレス②	136
4-12	ネットワークアドレスとブロードキャストアドレスの求め方	138
4-13	IPアドレスの計算のまとめ	140

【IPアドレスの計算問題】
4時間目の確認問題① ･･････････ 142

| 4-14 | プライベートIPアドレスとグローバルIPアドレス | 146 |
| 4-15 | IPv4の枯渇問題とIPv6 | 148 |

【実際に体験してみよう！】
プライベートIPアドレスとグローバルIPアドレスを調べよう！ ･･････････ 150

[ネットワーク層のプロトコル]
4-16	ARP① 同一ネットワーク内での通信動作	152
4-17	ARP② 異なるネットワーク内での通信動作	154
4-18	ICMP	156

【実際に体験してみよう！】
pingとtracerouteを使ってみよう！ ･･････････ 158

【問題に挑戦してみよう！】
4時間目の確認問題② ･･････････ 160

5時間目
トランスポート層の役割　165

[トランスポート層]
5-1	トランスポート層の概要	166
5-2	TCPとUDP	168
5-3	TCPとUDPの使い分け	170

5-4	3ウェイハンドシェイクによるコネクション確立	172
5-5	シーケンス番号による順序制御とACKによる確認応答	174
5-6	ウィンドウサイズによるフロー制御	176
5-7	ポート番号の役割	178
5-8	ポート番号の構造とウェルノウンポート	180
5-9	セグメント・データグラムのフォーマット	182

【実際に体験してみよう！】
自分のPCがやり取りしている通信を確認してみよう！ ……… 184

【問題に挑戦してみよう！】
5時間目の確認問題 ……… 186

6 時間目
スイッチングとルーティング　191

[ネットワーク機器の比較]
6-1	ハブ・スイッチ・ルータ動作のおさらい	192

[フィルタリング]
6-2	MACアドレステーブルの役割	194
6-3	MACアドレステーブルの作成	196

[ルーティング]
6-4	ルーティングテーブルの役割	198
6-5	ルーティングテーブルの作成①	200
6-6	ルーティングテーブルの作成②	202
6-7	スタティックルーティングとダイナミックルーティング	204
6-8	ダイナミックルーティングの用語	206
6-9	ダイナミックルーティングの種類	208
6-10	デフォルトルート	210

[Cisco機器の設定]
6-11	Cisco機器の設定方法	212

6-12	Cisco機器の操作モード	214
6-13	ルータの名前変更の設定	216
6-14	インターフェイスの設定①	218
6-15	インターフェイスの設定②	220
6-16	スタティックルーティングの設定	222
6-17	デフォルトルートの設定	224

【実際に体験してみよう！】
IPアドレスでWebページにアクセスしてみよう！ ･･･ 226

【問題に挑戦してみよう！】
6時間目の確認問題 ･･･ 228

7 時間目
ネットワーク構築のケーススタディ　235

7-1	IPアドレスを設定する2つの方法		236
	方法①	PCに手動でIPアドレスを設定する	236
	方法②	DHCPを利用してIPアドレスを自動設定する	239
	Ciscoルータでの DHCPサーバの設定方法		242
7-2	小規模なネットワークを構築する		247
	STEP.1	必要な機器の台数とケーブルの本数を考えよう	249
	STEP.2	PCやルータ・スイッチの配置構成を考えよう	249
	STEP.3	スイッチ・ルータのどのインターフェイスと接続するかを考えよう	252
	STEP.4	各ネットワークに適切なIPアドレスを割り当てよう	253
	STEP.5	IPアドレスが記載された図を描いてみよう	256
	STEP.6	ルータに設定するコマンドを考えよう	257

索引 ･･･ 262

1時間目

ネットワークの きほん

この章の主な学習内容

ネットワークの基礎
まず手始めに、ネットワークの基本を理解しましょう。

進数計算の基本
2進数、10進数、16進数などの進数と変換方法をマスターしましょう。

1-1 ［ネットワークの基礎］
ネットワークって何？

> **ざっくりいうと**
> ネットワークは一言で表すと「つながり」。コンピュータネットワークは「コンピュータ」と「コンピュータ」が、ケーブルや無線といった「道路」でつながっている

●そもそもネットワークって何だろう？

　私たちの普段の生活の中でもネットワークという言葉をよく耳にしますが、そのネットワークには様々な種類が存在します。本書で学習するコンピュータネットワーク以外に、「人脈ネットワーク」や「物流ネットワーク」といった言葉にもネットワークという単語が使われています。これらのネットワークに共通していることは、「何かと何かがつながっている」ということです。人脈ネットワークは人と人が友人関係や家族関係でつながっていて、会話などのコミュニケーションをすることができます。また物流ネットワークは家と家（あるいは会社）が道路などの交通網でつながっていて、荷物や手紙を送ることができます（図1-1）。

●コンピュータネットワークの正体

　それでは、コンピュータネットワークはいったい何と何がつながっているのでしょうか。答えはとても簡単で、その名の通り「PCやサーバなどのコンピュータとコンピュータ*が、ケーブルや無線といった伝送媒体（＝通信路）を介してつながっている」のです。そのコンピュータ同士が、互いに様々なデータをやり取りすることで通信を行っています。インターネットを使ったWebページの閲覧やメールの送受信、メッセージアプリを使ったやり取りなど、私たちが目にしているWebページもメールの文字も、すべてデータとして扱われています（図1-2）。
　コンピュータネットワークは目に見えるものではないので、全体像がイメージしづらいように感じるかもしれませんが、簡潔にいってしまえば物流ネットワークの流れとほとんど違いはありません。物流ネットワークが、①家と家（や会社など）同士が、②道路を使って、③荷物や手紙を運ぶのと同じように、コンピュータネットワークは、①コンピュータとコンピュータ同士が、②ケーブルや無線を使って、③データを運んでいるのです（表1-1）。

> **HINT** ＊実際はコンピュータだけでなく、PCやサーバ以外にも、スマートフォンやプリンタなど通信を行うすべての機器を含みます。

ネットワークのきほん●

図1-1　物流ネットワーク

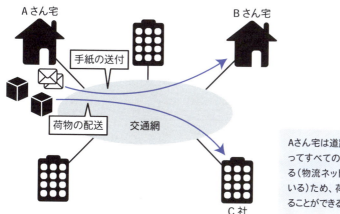

Aさん宅は道路などの交通網によってすべての地点とつながっている（物流ネットワークが作られている）ため、荷物や手紙などを送ることができる

図1-2　コンピュータネットワーク

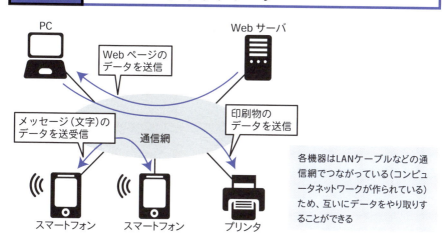

各機器はLANケーブルなどの通信網でつながっている（コンピュータネットワークが作られている）ため、互いにデータをやり取りすることができる

表1-1　コンピュータネットワークと物流ネットワークの比較

	やり取りしている機器（場所）	通る経路	やり取りするモノ
コンピュータネットワーク	PCとPC PCとサーバなど	LANケーブル・無線などの通信網	データ
物流ネットワーク	家と家 家と会社など	道路・空路などの交通網	荷物・手紙など

[ネットワークの基礎]
コンピュータネットワークでできること

> **ざっくりいうと**
> ネットワークを利用することでデータの共有・プリンタなどのリソースの共有が簡単にできる。瞬時にやり取りができるのもネットワークを利用する大きなメリット

　コンピュータネットワークを利用することで、私たちは様々なメリットを受け取れます。実際にどのようなメリットがあるのかをいくつか見ていきましょう。なお、以降このコンピュータネットワークのことをネットワークと表記します。

●ファイルなどのデータや情報を共有できる

　ネットワークを利用するとそれぞれのPCやサーバなどが相互に接続されます。例えば社内ネットワークでは、売り上げ表や社員の名簿、スケジュール情報といった様々なものがデータ化されています。そのデータを共有サーバに保存しておくことで、社員全体でデータ・情報の共有をすることができます（図1-3）。

●リソースを共有できる

　データや情報だけに限らず、機器などのリソース*の共有も可能です。例えばプリンタをネットワークに接続することで、各PCがプリンタを共有して使用することができます。複数のPCで1台のプリンタを使用することになりますので、プリンタの台数も少なく抑えることができます。

●遠く離れた場所とのやり取りを瞬時に行うことができる

　ネットワークがなかった時代は、メッセージのやり取りを行うには手紙や電報を用いるしかありませんでした。遠く離れた場所に手紙や電報を届けるには時間がかかってしまいますが、現在ではネットワークを利用した電子メールやメッセージアプリで、遠く離れた相手とも瞬時にやり取りすることができるようになりました（図1-4）。普段私たちが使用しているインターネットも、場所や時間を問わずに世界中のどこの場所や相手ともやり取りができ、情報の収集・発信などを自由に行うことができます。

 *リソースとは、「何かをするために必要な資源・資産」を意味します。PCのリソースならばCPUやメモリなどが該当します。

ネットワークのきほん●

図1-3　データ・情報の共有

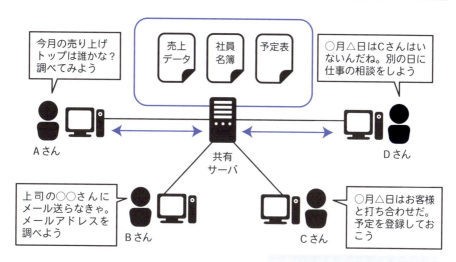

社内ネットワークがあれば、社員全員でデータや情報を共有できる

図1-4　電子メールによる通信

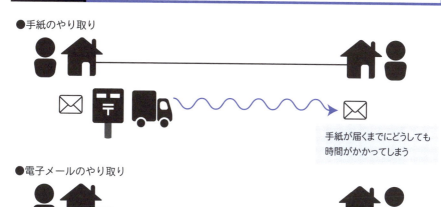

1-3 ［ネットワークの基礎］
LANとWAN

> ざっくり
> いうと
>
> LANは限定されたプライベート空間内のネットワーク
> WANは離れたLAN同士を結ぶキャリア（電気通信事業者）
> によって構築された公共空間のネットワーク

●LAN

　LANは同じ会社内や家庭内など、限定された範囲の中で構築されているネットワークを指します。簡単にいうと、「誰か所有者のいる敷地内のネットワーク」です。当たり前ですが、会社のオフィスはその会社が所有している敷地ですし、家はその家の家主（や借主）が所有している敷地ですね。LANの特徴としては、所有者がその敷地内で自由にネットワークを構築できるという点が挙げられます。PCの台数を増やすのも、ケーブルの配線を変更するのもその所有者の自由です。このように、誰かが所有している敷地内、つまりプライベートな空間で構築されているネットワークがLANになります（図1-5）。

●WAN

　WANはキャリアと呼ばれる電気通信事業者＊によって構築された、遠く離れた拠点間をつなぐ広範囲のネットワークを指します。言い換えれば、「LANとLANをつなぐネットワーク」になります。

　例えば、東京に本社、各県に複数の支社を持つ会社があるとします。この本社と支社間を自分たちでケーブルを結んで、1つのLANとしてネットワークを構築することはできません。なぜなら、公共の空間に個人的なネットワークを構築することは禁止されているからです。そこで本社と支社間をつなぐためにWANを使用します。つまり、WANはキャリアによって公共空間に構築された広範囲のネットワークと呼ぶこともできます。WANを利用することで、それぞれ独立したLAN同士をつなぐことができ、離れた地点とも相互に通信が可能になります（図1-6）。

　もちろん、無料でWANを利用することができるわけではありません。私たちはキャリアと契約を交わして月額料金などを支払うことで、初めてキャリアの構築したWANを「借りて」使用することができます（表1-2）。

HINT　＊「電気通信事業者」とは、NTT、KDDI、ソフトバンクなどといった事業者を指します。キャリアは国から許可を得ているため、公共空間にネットワークを構築することができます。

ネットワークのきほん

図1-5 LANの概要

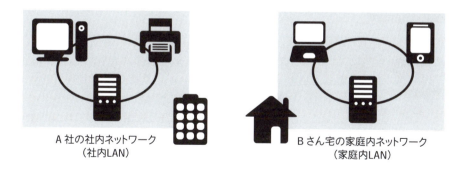

A社の社内ネットワーク
（社内LAN）

Bさん宅の家庭内ネットワーク
（家庭内LAN）

自分たちが所有している敷地内で、自分たちが利用する
という目的でそれぞれのLANが構築されている

図1-6 WANの概要

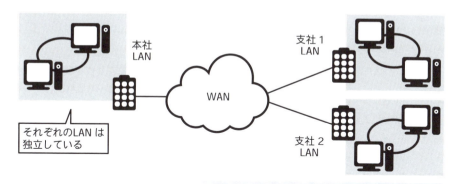

本社LAN

それぞれのLANは独立している

支社1 LAN

支社2 LAN

独立したそれぞれのLANをつなぐために、キャリアによって
公共空間にWANが構築されている

表1-2 LANとWANの比較

	LAN	WAN
ネットワーク範囲	会社内、家庭内などの所有者のプライベートな空間	公共空間
構築	所有者自身が行う	キャリアが行う
コスト	なし（PCなどの購入費は自前）	月額料金などの通信料金
役割	内部でネットワークを構築	LANとLANをつなぐ

1-4 ［ネットワークの基礎］
インターネットの仕組み

ざっくり
いうと

「インターネット」は世界中に広がる広範囲なネットワーク
「回線事業者」がネットワーク網という道路の部分を作り、
「プロバイダ」が通信を運ぶ役割をしている

●インターネットの仕組み

　インターネットとは世界規模に広がった非常に広範囲なネットワーク網で、NTTなどの回線事業者と、プロバイダ（ISP、Internet Service Provider）と呼ばれるインターネット接続サービス提供事業者によって成り立っています。

　回線事業者は、その名の通りインターネットを構成する回線網を構築しており、いわばインターネット上の通信の道路を作る役割を担います。一方プロバイダは、回線事業者から提供された回線を用いて、インターネットに接続するサービスを提供しています。私たちがインターネットを利用する場合、回線事業者だけではなくプロバイダとも契約を交わす必要があります。

　プロバイダの種類はたくさんあるので、それぞれの会社・家によって契約しているプロバイダが異なります。しかし、プロバイダ同士はインターネット上のどこかで必ずつながっているため、異なるプロバイダと契約している家同士・会社同士でも（もちろん世界中のどことでも）、通信をすることができます（図1-7）。

●インターネット＝WAN？

　インターネットは世界規模で広がる非常に大規模なネットワークです。そのため、インターネット＝WANと考えている方も多いかと思いますが、半分正解で半分間違いです。インターネットはWANそのものではなく、数あるWANの種類の中の一つと考えると良いでしょう。

　WANの種類（サービス）には、他にもVPN*や広域イーサネットといったものなどがあります。これらは主に法人向け（会社向け）として構築されていて、インターネットよりもセキュリティが強固に作られているネットワーク網です。会社の拠点間（本社と支社間など）で社内の機密情報や顧客情報など、外部に漏れてはいけない重要な通信をする際に用います（図1-8）。

HINT　* VPNは「Virtual Private Network」の略で、拠点間を仮想的な専用線でつないで通信するWANサービスの一つです。安全性が高いため、主に企業の拠点間での通信に用いられます。

ネットワークのきほん

図1-7　インターネットの仕組み

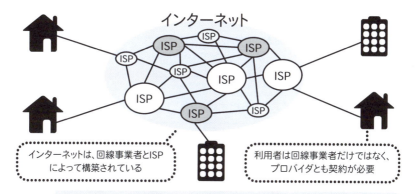

それぞれの会社や家が異なるプロバイダと契約していたとしても、プロバイダ間はインターネット上のどこかで必ずつながっているため、問題なく通信ができる

図1-8　インターネットとWANの関係

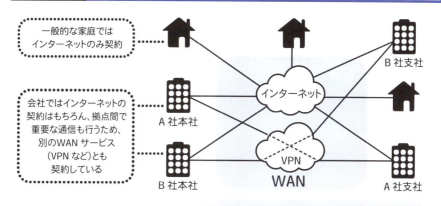

インターネットは数あるWANの種類の1つであり、インターネット ＝ WANではない

ワンポイントアドバイス　インターネットは世界規模で構築されていて、誰でも簡単に利用できる反面、セキュリティが弱くなっています。それに対してVPNなどの法人向けWANサービスは、回線契約時に決めた本社・支社間などの拠点間でのみ通信可能になっていて、セキュリティも強固です。企業においては、インターネットは業務上欠かせないため当然利用しますが、それに加えて拠点間の通信はより安全なネットワーク網を使ってやり取りする必要があるため、VPNなどのWANサービスも利用するというのが一般的です。

23

1-5 ［ネットワークの基礎］
ネットワークの構成要素

> **ざっくりいうと**
> 「ノード」はネットワーク上の「点」となる機器を指し、「リンク」はその点と点を結ぶ「線」の役割
> 「インターフェイス」はノード同士をつなぐ接合点

　ネットワークを構成する要素には様々なものがあります。私たちが普段から使用しているPCやスマートフォンだけではなく、サーバやプリンタも重要な構成要素の一つです。また、機器と機器をつなぐためのケーブルや無線、その間に配置されるルータなどのネットワーク機器もあります。

●ノードとリンク

　ネットワークの構成要素は、大きく<u>ノード</u>と<u>リンク</u>に分けることができます。「ノード」とはネットワークを構成する機器を指し、PC・サーバ・プリンタ・各種ネットワーク機器などが該当します。

　一方、「リンク」とはノードとノードを結ぶ線を指し、ケーブルや無線などが該当します。ノードをネットワーク上の「点」として考えると、リンクはその点と点を結ぶ「線」の役割です。このように、ノードとリンクは「点」と「線」の関係になっています（図1-9）。

●インターフェイス

　それぞれのノード同士を接続してリンクを形成するには、ケーブルの差込口や無線の送受信機が必要になります。この外部と接続するための部分を<u>インターフェイス</u>といいます。インターフェイスは<u>ポート</u>と呼ぶこともありますが、この2つは同じ意味の言葉と捉えてください。

　ケーブルの差込口のように目に見える分かりやすいインターフェイスもあれば、無線の送受信機のように、PCに内蔵されているインターフェイスもあります。差込口＝インターフェイスではなく、「有線ケーブルか無線かを問わず、ノードとノードを接続し、リンクを形成するための接合点」をすべてインターフェイスと呼びます（図1-10）。

ネットワークのきほん●

図1-9　ノードとリンク

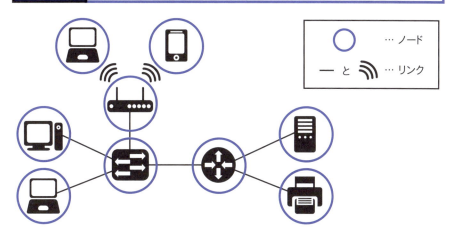

ワンポイントアドバイス

ノード：ネットワークを構成する「機器」のこと。PC・サーバ・プリンタ・各種ネットワーク機器などがノードに該当します。ネットワーク上の「点」の部分になります。

リンク：ノードとノードをつなぐ「線」のこと。目に見えるケーブルだけではなく、無線もリンクに該当します。通信が発生する道路の役割を果たします。

図1-10　インターフェイス

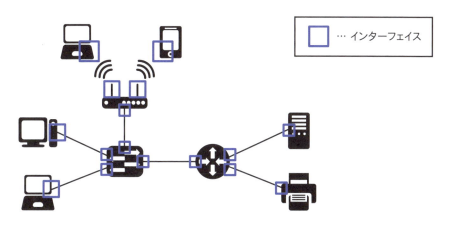

ワンポイントアドバイス

インターフェイス：「ノードとノードを接続してリンクを形成するための接合点」を指します。有線ケーブルの差込口だけではなく、無線の送受信機もインターフェイスに該当します。

1-6 ［ネットワークの基礎］
ネットワーク機器の種類と役割

> **ざっくりいうと**
> 「ハブ」と「スイッチ」は多数の差込口（インターフェイス）にそれぞれ機器をつなぎ、グループを大きくする役割
> 「ルータ」はグループを分割する役割

　ネットワークを構成するには多くのネットワーク機器が必要不可欠です。本書ではその中でもCCNAの試験で問われるハブ・スイッチ・ルータの役割について学んでいきます。まずは各機器の大まかな役割を理解しておきましょう。

●ハブとスイッチの役割

　ケーブルを用いて複数のPCを接続する場合を考えてみましょう。2台を接続する場合は、PC同士を直接ケーブルでつなげば良いので問題ありません。

　では、3台以上を接続する場合はどうすれば良いでしょうか。PCに複数のケーブルを差してそれぞれのPCと直接つなぐという方法も考えられますが、あまり現実的ではありません。なぜなら、私たちが使用する一般的なPCは、ケーブルの差込口が1つしかないことが多いからです。そこで、PCの間にハブやスイッチ*を配置してつなぎます（図1-11）。ハブやスイッチは複数の差込口があるため、たくさんのPCをつなぐことができるのです。また、ハブやスイッチ同士を複数つなげることで、さらに多くの機器を接続することも可能です。

●ルータの役割

　ハブやスイッチを使用することでより多くの機器を接続することができますが、ハブやスイッチに接続された複数の機器は同じグループに所属するという特徴があります。それに対してルータは、接続している機器のグループを分割するという特徴があります。一例として、会社内のネットワークを考えてみましょう。会社内には営業部や人事部、総務部といった様々な部署があります。部署同士がすべて同じグループに含まれているよりも、部署ごとでグループが分かれている方がいろいろと便利です。ルータを適切な場所に配置することによって、意図したグループ分けが可能になるのです（図1-12）。

> **HINT** * ハブとスイッチはどちらもたくさんの機器を接続できるという点は同じですが、スイッチの方が「より高機能」な機器です。詳細は3時間目に解説します。

ネットワークのきほん

図1-11　PCの接続方法（3台以上を接続する場合）

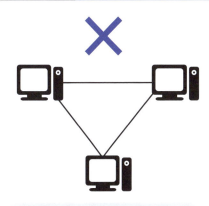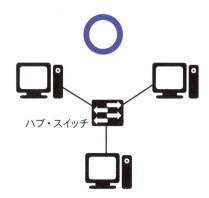

一般的なPCはケーブルの差込口が1つしかないため、それぞれのPCを直接つなぐことができない

PCの間にハブやスイッチといった中継器を配置し、PCはその中継器とつなぐ
↓
差込口が1つでも問題なく接続できる

図1-12　ルータの役割

ハブやスイッチのみで接続した場合

ルータを配置して、左右にそれぞれ機器を接続した場合

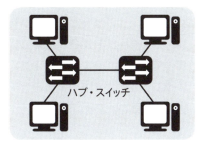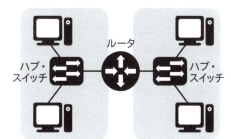

ハブやスイッチは、接続している複数の機器を1つの同じグループにまとめる役割をする

ルータは接続されている機器をそれぞれ異なるグループに分割する役割をする

ワンポイントアドバイス

- ハブとスイッチは多くの差込口があるため、たくさんの機器を接続することができます。また、接続された機器をすべて1つの同じグループにまとめるという特徴があります。
- ルータは接続されている機器をそれぞれ異なるグループに分割するという特徴があります。

1-7 ［ネットワークの基礎］
通信データの正体

> **ざっくりいうと**　コンピュータの世界ではデータはすべて「0」と「1」のビットで表されている。データの単位は「B(Byte)」、通信速度は「b(bit)」で表すことが多い

●データはすべて「0」と「1」でできている

　コンピュータ内のすべてのデータは「0」と「1」という2つだけの数字、つまり2進数を使って表現されます。私たちがPCに保存している文書も画像もすべて、複数の「0」と「1」の数字に変換された数字の列がデータとして保存されているのです。

　これは通信データも同じ仕組みになっていて、例えばメールで「こんにちは」という文章を相手に送信する際も、「001011…」のように、複数の「0」と「1」の数字に変換されたデータが電気信号の波長として運ばれていきます（図1-13）。

　なお、コンピュータの世界では、「001011…」と連続している「0」と「1」の1つ1つの数字をビット（bit）と呼びます。このビットがデータの最小単位です。その次の単位としてバイト（Byte）があり、1バイト=8ビットに相当します。つまり、「01101101」というデータの大きさは、1バイトとも8ビットとも表すことができます。次に、ビットもしくはバイトが1000（正確には1024。以下同様）集まるとキロ（K）という単位で呼び、さらにキロが1000集まるとメガ（M）、メガが1000集まるとギガ（G）、ギガが1000集まるとテラ（T）…というように、それぞれ単位の名称が決められています（表1-3）。

●通信速度を表す単位「bps」

　「回線速度が○Gbpsの高速回線」といったように、通信速度はbps（bit per second、毎秒○ビット）という単位を用います（Gはギガを表しています）。これは「1秒間で○ビットの『0』『1』を送ることができる」ことを表しています。当然ながら、1秒間にたくさんのビットを送れれば送れるだけ、相手により速く通信を届けることができます。つまり、bpsという単位の数字が大きければ大きいほど「通信速度が速い」ということになります。

ネットワークのきほん

図1-13　コンピュータのデータの扱い方

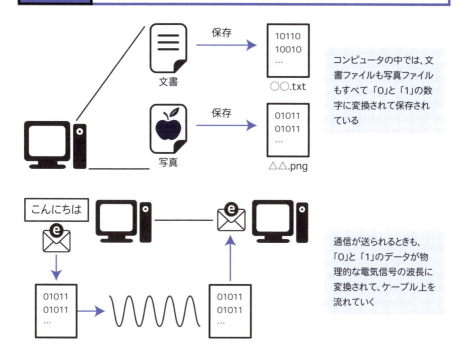

コンピュータの中では、文書ファイルも写真ファイルもすべて「0」と「1」の数字に変換されて保存されている

通信が送られるときも、「0」と「1」のデータが物理的な電気信号の波長に変換されて、ケーブル上を流れていく

表1-3　データの大きさを表す単位

読み方	記号表記	大きさ
ビット	bit（b）	「0」「1」の1つずつの数字。最小単位
バイト	byte（B）	8ビット
キロバイト	KByte（KB）	1000Byte（1024Byte）
メガバイト	MByte（MB）	1000KByte（1024KByte）
ギガバイト	GByte（GB）	1000MByte（1024MByte）
テラバイト	TByte（TB）	1000GByte（1024GByte）

※ビットを省略する際は小文字のb、バイトを省略する際は大文字のBを用いる

ワンポイントアドバイス　「このファイルのサイズは○KB」や、「このスマートフォンのデータ容量は○GB」というように、ファイルサイズやデータ容量を表現する場合は、バイト単位で表すことが一般的です。それに対して、通信速度を示すbpsはビット単位で表します。それぞれ元となっている単位が異なっていますので、混同しないようにしましょう。

29

1-8 ［進数計算の基本］
2進数、10進数、16進数の考え方

> ざっくりいうと
>
> 2進数は0と1だけの2個の数字を使う
> 10進数は0～9までの10個の数字を使う
> 16進数は10個の数字と、A～Fまでのアルファベットを使う

●10進数の考え方

　私たちが日常生活で使用している数は基本的に10進数による表記が用いられています。10進数は0～9までの10個の数字を用いて数を表現する方法です。0、1、2、3、4、5、6、7、8、9と数が増えていき、1桁で数を表すことができなくなったら桁が繰り上がり、10、11、12…と続いていきます。

　例えばスーパーで「1980円」の値段の商品を見たら、誰でも「せんきゅうひゃくはちじゅうえん」だと分かりますよね。これは私たちが普段から10進数を用いているため、わざわざ計算しなくてもすぐに求めることができるからですが、あえて計算式で表すと、図1-14のような方法で求めることができます。

●2進数と16進数の考え方

　次に2進数ですが、10進数と同じ考え方で、2進数は0と1の2個の数字だけを用いて数を表現します。0,1と数が続くと、2進数では2以降の数字を使うことができないので、桁が繰り上がって10となります。それ以降は11、100、101、110、111、1000…と続いていきます。2進数は数字をそのまま読むので、例えば「1011」は「イチゼロイチイチ」と読みます。

　16進数も考え方は同じで、16個の数字を用いて数を表現します。しかし数字は0～9までの10個しかないため、A～Fまでの6個のアルファベットを用います。Aが11番目の数字で、Fが16番目の数字という扱いになります。0、1、…8、9と数が続き、16進数ではまだ1桁で表す数字（アルファベット）が存在するため、1桁のままA、B、C、D、E、Fと続いていきます。Fまで続くとFより大きな数字は使うことができないので、桁が繰り上がり10となります（図1-15）。16進数も2進数と同様に数字とアルファベットをそのまま読むので、例えば「2F3A」は「ニーエフサンエー」と読みます。

図1-14　10進数の考え方

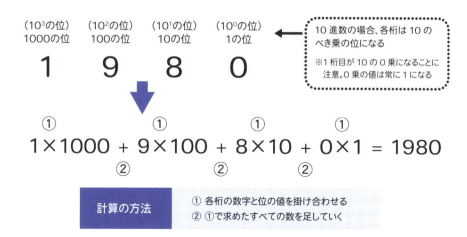

図1-15　2進数、10進数、16進数の対応表

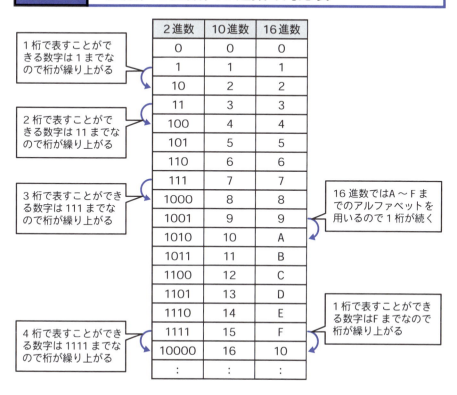

[進数計算の基本]
2進数と10進数の変換方法

ざっくりいうと
- 2進数は各桁の位が1、2、4、8…と2のべき乗になっている
- 2進数から10進数の変換は「足して」いく
- 10進数から2進数の変換は「引いて」いく

　コンピュータ内で扱われている2進数は、私たちからするとても読みづらい数字です。そこでその2進数を、私たちが慣れ親しんでいる10進数に変換して表記する、ということが非常に多く行われています。

● 2進数から10進数への変換方法

　2進数から10進数へ変換するには、まず前ページの図1-14のように2進数の各桁の位がいくつになるのかを考えます。10進数の場合は1の位、10の位、100の位…と続いていますね。これは、10^0の位、10^1の位、10^2の位…と、10のべき乗の値になっていました。このルールは2進数の場合も同じになります。そのため各桁は 2^0の位、2^1の位、2^2の位…と、2のべき乗の値になります。

　それでは、2進数「10101011」という値を10進数に変換してみましょう（図1-16）。各桁の位は2のべき乗になりますので、1の位、2の位、4の位…と続き、一番左の8桁目が 2^7の位=128の位です。あとは10進数と同様に各桁の数字と位を掛け合わせて足していくことで、10進数に変換することが可能です。

● 10進数から2進数への変換方法

　次に10進数から2進数への変換方法です。先ほどと逆の変換方法になりますので、今度は大きい位の数値を順番に引いていくことで変換することができます。具体的には以下のような手順です。

- 元の数値から引ける位を探し出し、その桁を「1」にする
- 元の数値から位の値を引いた余りから次の位の値を引き、引ける場合はその桁を「1」に、引けない場合は「0」にする。余りが0になるまで引き算を繰り返す

　例として、10進数「200」を2進数に変換する場合は図1-17のような手順を行うことで求めることができます。

図1-16　2進数から10進数の変換方法

2進数なので、各桁は2の○乗の位になる

(2^7の位)	(2^6の位)	(2^5の位)	(2^4の位)	(2^3の位)	(2^2の位)	(2^1の位)	(2^0の位)
128の位	64の位	32の位	16の位	8の位	4の位	2の位	1の位
1	0	1	0	1	0	1	1

$1×128 + 0×64 + 1×32 + 0×16 + 1×8 + 0×4 + 1×2 + 1×1$

= $\boxed{128 + 32 + 8 + 2 + 1}$ = **171**

「1」となっている桁の位を合計するだけで2進数から10進数に簡単に変換することができる！

図1-17　10進数から2進数の変換方法

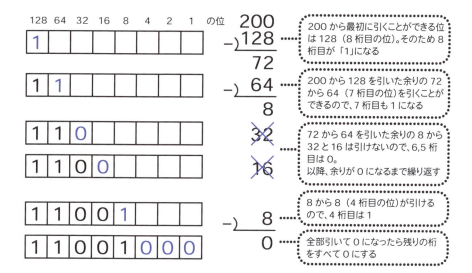

| 128 | 64 | 32 | 16 | 8 | 4 | 2 | 1 | の位 |

200 から最初に引くことができる位は128（8桁目の位）。そのため8桁目が「1」になる

200 から128 を引いた余りの72 から64（7桁目の位）を引くことができるので、7桁目も1になる

72 から64 を引いた余りの8 から32 と16 は引けないので、6,5桁目は0。
以降、余りが0になるまで繰り返す

8 から8（4桁目の位）が引けるので、4桁目は1

全部引いて0になったら残りの桁をすべて0にする

ワンポイントアドバイス　1バイト（=8ビット）、つまり8桁までの2進数各桁の位の数値を暗記しておくと計算が速くなりますので、必ず覚えましょう。

2^7	2^6	2^5	2^4	2^3	2^2	2^1	2^0	
128	64	32	16	8	4	2	1	の位

1-10 [進数計算の基本] 2進数と16進数の変換方法

> **ざっくりいうと**
> 2進数と16進数の変換は相性がとても良い
> 2進数から16進数の変換は「4桁を1桁」に
> 16進数から2進数の変換は「1桁を4桁」に

1-7で学んだように、コンピュータの世界では「0」と「1」のビット、つまり2進数でデータの処理を行います。しかし2進数は我々人間からしてみれば非常に読みづらい数値なので、読みやすくするために10進数や16進数に変換して表記をすることが多いです。10進数はともかく、なぜ私たちにとってあまりなじみのない16進数を用いるのでしょうか。それは、2進数と16進数の相性がとても良く、2進数の4桁がちょうど16進数の1桁に該当するという特徴があるからです。そのため桁数の長さも1/4になり、とてもキリが良いのです。

●2進数から16進数への変換方法

2進数から16進数へ変換する方法を、2進数「101011」を例に見てみましょう（図1-18）。まず、2進数を右から4桁ずつに区切ります。4桁にならない場合は頭に0を付け足して補い、「0010」と「1011」の2つに分けます。次に、その4桁ずつを10進数に変換します。「2」と「11」に変換することができますね。最後にその10進数の数値を16進数に変換してつなげます。10を超える数値の場合は該当するアルファベット1文字に置き換えるため、「11」は「B」になります。求められた16進数の値は「2」と「B」ですので、それをつなぎ合わせて「2B」として変換が完了です。

●16進数から2進数への変換方法

次に16進数から2進数への変換方法です。先ほどの2進数から16進数への変換とは逆の手順になります。まず、16進数の各桁を10進数に変換します。そして、変換した10進数をそれぞれ4桁の2進数に変換し、つなげるだけで変換が完了します。例えば、16進数「3C」と「E7」を2進数に変換する場合は、図1-19のような手順を行うことで求めることができます。

図1-18　2進数から16進数への変換方法

2進数	10進数	16進数
0	0	0
1	1	1
:	:	:
1001	9	9
1010	10	A
:	:	:
1111	15	F
10000	16	10
:	:	:
11111	31	1F
100000	32	20
:	:	:
101011	43	2B

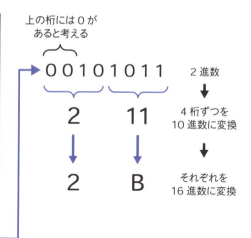

ワンポイントアドバイス　2進数を16進数へ変換する方法は次のようになります。
① 2進数を4桁ずつに区切る。桁が足りない場合は0を補う
② 4桁ずつの2進数を10進数に変換する
③ 変換した10進数が10を超える場合は該当するアルファベットに変換する

図1-19　16進数から2進数への変換方法

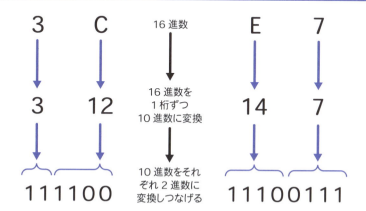

ワンポイントアドバイス　16進数を2進数へ変換する方法は次のようになります。
① 16進数を1桁ずつ10進数に変換する
② 10進数をそれぞれ2進数に変換してつなげる

実際に体験してみよう！
進数変換の問題にチャレンジしよう！

　コンピュータの世界では2進数が用いられますが、2進数は我々人間からしてみれば非常に読みづらい数字です。そのため前ページまでで見てきたように、2進数の数字を読みやすい10進数や16進数に変換して表記することが多いです。例えばコンピュータの住所であるIPアドレスは10進数表記が、MACアドレスは16進数表記がそれぞれ用いられています*。変換がスムーズにできるように繰り返し練習しましょう。

【問題】
■Q1　以下の2進数の数値を10進数に変換してください。
　①1011　　　　（　　　　　）　②10010　　　　（　　　　　）
　③110101　　　（　　　　　）　④1100111　　　（　　　　　）
　⑤10101010　　（　　　　　）　⑥11010110　　（　　　　　）
　⑦11110000　　（　　　　　）　⑧11111111　　（　　　　　）

■Q2　以下の10進数の数値を2進数に変換してください。
　①41　　　　　（　　　　　）　②77　　　　　（　　　　　）
　③126　　　　（　　　　　）　④155　　　　（　　　　　）
　⑤182　　　　（　　　　　）　⑥207　　　　（　　　　　）
　⑦224　　　　（　　　　　）　⑧247　　　　（　　　　　）

■Q3　以下の2進数の数値を16進数に変換してください。
　①1011　　　　（　　　　　）　②1110　　　　（　　　　　）
　③111001　　　（　　　　　）　④1001111　　　（　　　　　）
　⑤10100011　　（　　　　　）　⑥11001101　　（　　　　　）
　⑦11100101　　（　　　　　）　⑧11111111　　（　　　　　）

＊ IPアドレスとMACアドレスについては2時間目以降で詳しく解説します。

■Q4　以下の16進数の数値を2進数に変換してください。
①18　　　（　　　　　）　②4A　　　　（　　　　　）
③91　　　（　　　　　）　④B3　　　　（　　　　　）
⑤C8　　　（　　　　　）　⑥D4　　　　（　　　　　）
⑦E7　　　（　　　　　）　⑧FC　　　　（　　　　　）

【解答】

■Q1　①11　②18　③53　④103
　　　⑤170　⑥214　⑦240　⑧255

■Q2　①101001　②1001101　③1111110
　　　④10011011　⑤10110110　⑥11001111
　　　⑦11100000　⑧11110111

■Q3　①B　②E　③39　④4F
　　　⑤A3　⑥CD　⑦E5　⑧FF

■Q4　①11000　②1001010　③10010001
　　　④10110011　⑤11001000　⑥11010100
　　　⑦11100111　⑧11111100

ワンポイントアドバイス

例えば「100」という数字が書かれていたときに、この数字が2進数なのか、16進数なのか、10進数なのかが前後の文脈から分からなくなってしまうことがあります。どの進数の表記なのかを明確にしたい場合には、それぞれの進数の英語から1文字を取って以下のように書くこともできます。
　　2進数の場合　…　0b100　（2進数＝Binary Number）
　　10進数の場合　…　0d100　（10進数＝Decimal Number）
　　16進数の場合　…　0x100　（16進数＝Hexadecimal Number）

実際に体験してみよう!

CUI操作でテキストファイルを開いてみよう!

■GUIとCUI

　GUI（Graphical User Interface）とCUI（Character User Interface）とは、コンピュータ画面の操作方法の種類のことです。普段私たちが使用しているPCやスマートフォンはGUIでの操作になります。GUI操作とは、その名の通り画面がグラフィカルで視覚的に見やすく作られていて、画面上のアイコンやボタンをクリック／タップして操作できます。

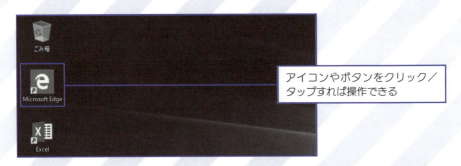

アイコンやボタンをクリック／タップすれば操作できる

　それに対してCUI操作では、「コマンド」と呼ばれる文字列を入力・実行することでコンピュータを操作します。CUI操作はGUI操作よりも複雑な処理や複数の処理を同時に行えるという特徴があるため、業務で使用されるようなサーバやネットワーク機器ではCUIで操作することが一般的です。Cisco機器も基本的にはCUIで操作を行います。GUIとCUIの特徴をまとめると以下のようになります。

	GUI	CUI
操作方法	主にマウスを用いて、アイコンやボタンをクリックして操作する	キーボードだけでコマンドを入力し操作する
メリット	操作が直感的で分かりやすい	複雑な処理が可能。慣れれば操作スピードが速くなる
デメリット	複雑な処理を行うことに向かない	コマンドを知らなければ何もできない
機器	PC、スマートフォンなど	業務用サーバ、ネットワーク機器など

　私たちのPCでもCUI操作を行うことができるので、「テキストファイルを開く」

という操作をコマンドで実行してみましょう。なお、あらかじめデスクトップに「sample.txt」という名前でテキストファイルを作成しておいてください。

【Windowsの場合】
■STEP 1．コマンドプロンプトを立ち上げる

タスクバーの検索ボックスに「cmd」と入力し、表示された「コマンドプロンプト」をクリックし開きます。このコマンドプロンプトでCUI操作をすることができます。

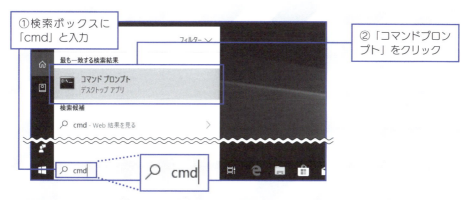

① 検索ボックスに「cmd」と入力
② 「コマンドプロンプト」をクリック

■STEP 2．コマンドプロンプト上でデスクトップに移動する

コマンドプロンプト上のディレクトリ*を現在の場所からデスクトップに移動します。「cd Desktop」と入力し、「Enter」キーを押します。cdとDesktopの間には半角スペースを入力してください。すると表示が「C:¥Users¥（ログインユーザー名）¥Desktop」となります。もし変わらない場合は「cd C:¥Users¥（ログインユーザー名）¥Desktop」を実行してください。

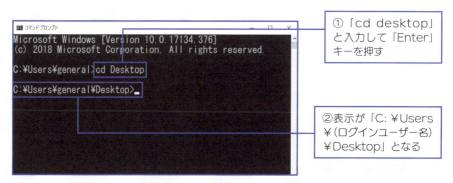

① 「cd desktop」と入力して「Enter」キーを押す
② 表示が「C:¥Users¥（ログインユーザー名）¥Desktop」となる

* ディレクトリは「フォルダ」と考えると分かりやすいです。cdコマンドを実行することで、コマンドプロンプト上のデスクトップフォルダに移動しています。

■STEP 3. startコマンドを実行しテキストファイルを開く

「start sample.txt」とコマンドを実行すると、アイコンをダブルクリックするのと同じようにテキストファイルが立ち上がります。

cdコマンドと同様にstartとファイル名の間には半角スペースを入れてください。

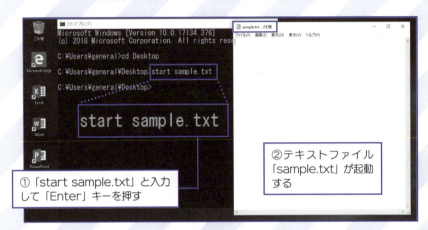

【Macの場合】

■STEP 1. ターミナルを立ち上げる

Spotlight検索で「ターミナル」と入力し、表示された「ターミナル」をクリックします。Macではターミナルを使うことでWindowsのコマンドプロンプトと同様にCUIでの操作ができます。

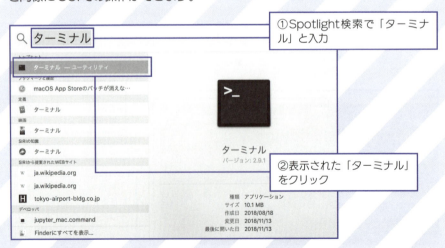

■STEP 2. ターミナル上でデスクトップに移動する

　ターミナル上の位置を現在の場所からデスクトップに移動します。「cd Desktop」と入力し、「Enter」キーを押します。cdとDesktopの間には半角スペースを入力してください。すると表示が「Desktop（ログインユーザー名）」となります。もし変わらない場合は「cd /Users/（ログインユーザー名）/Desktop」を実行してください。（Macの場合は¥マークではなく、/（スラッシュ）を入力します）

■STEP 3. openコマンドを実行しテキストファイルを開く

　「open sample.txt」とコマンドを実行するとテキストファイルが立ち上がります。実行するコマンドがWindowsとは異なるので注意してください。

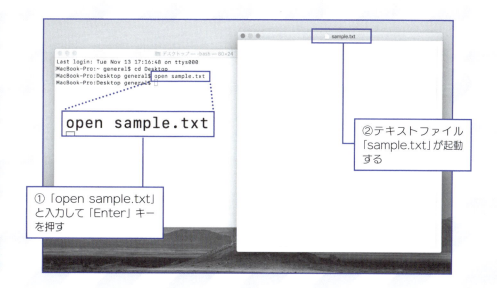

問題に挑戦してみよう！

【問題】

Q1 以下の文章の（　）に入る適切な機器の名前を記入してください。

　（　①　）や（　②　）は複数の機器をつなぐことができるため、機器同士の中継器として動作し、どちらもつながれた機器を1つのグループにまとめることができます。（　①　）よりも（　②　）の方が一般的に高機能な機器になります。それに対して（　③　）は接続されている差込口ごとにグループを分割することができます。

①（　　　　　　　　　）　②（　　　　　　　　　　　）
③（　　　　　　　　　）

Q2 以下の文章の（　）に入る適切な用語を記入してください。

　ネットワークは大きく分けて、会社内や家庭内などの限定されたプライベートな空間内で構築された（　①　）と、キャリアと呼ばれる電気通信事業者によって構築され、遠く離れた拠点とも通信ができる（　②　）に分類されます。

①（　　　　　　　　　）　②（　　　　　　　　　　　）

Q3 以下の文章の（　）に入る適切な用語を選択してください。

　インターネットは（　①　）の一つに分類され、世界中の様々な地点と通信をすることができる通信サービスです。NTTなどの（　②　）と、（　③　）と呼ばれるインターネット接続サービスを提供している事業者の両方と契約することで利用することができます。

A. 回線事業者　　B. LAN　　C. ISP　　D. WAN　　E. PAN

①（　　　　　　）　②（　　　　　　　）　③（　　　　　　　）

以下の図を見て、文章の（ ）に入る適切な用語を記入してください。

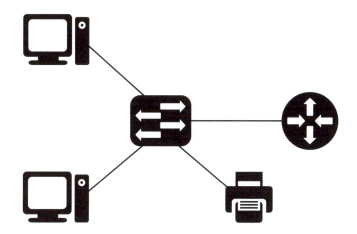

PC・サーバ・プリンタだけではなく、ネットワーク機器であるスイッチやルータも含め、コンピュータネットワークを構成するすべての機器を（ ① ）と呼びます。また、（ ① ）同士を接続する線を（ ② ）と呼びます。

① (　　　　　　　　　　)　　② (　　　　　　　　　　　　)

Q5 以下の表に当てはまるデータを表す適切な単位もしくは数値を記入してください。

単位の名称	サイズ
（ ① ）	「0」、「1」のデータの最小単位
バイト	①が（ ② ）個集まった単位
（ ③ ）バイト	バイトが1000（もしくは1024）個集まった単位
（ ④ ）バイト	（ ③ ）バイトが1000（もしくは1024）個集まった単位
（ ⑤ ）バイト	（ ④ ）バイトが1000（もしくは1024）個集まった単位

① (　　　　　　　　　　)　　② (　　　　　　　　　　　　)
③ (　　　　　　　　　　)　　④ (　　　　　　　　　　　　)
⑤ (　　　　　　　　　　)

【解答・解説】

Q1 ①ハブ　②スイッチ　③ルータ　　→ 1-6

ハブやスイッチは多くの差込口があり、PCなどの機器を接続することで大きなグループを構成することができます（ハブとスイッチの違いについては3時間目以降で学んでいきます）。ルータはハブやスイッチと比べると差込口が少なく、接続している差込口ごとにグループを分割することができます。

Q2 ①LAN　②WAN　　→ 1-3

LANは会社内や家庭内などの、プライベートな空間内のネットワークのことを指します。それに対してWANは電気通信事業者によって構築され、遠く離れたLANとLANを結ぶような広い範囲にまたがったネットワーク空間を指します。

Q3 ①D　②A　③C　　→ 1-4

インターネットを利用するには、インターネット回線を提供している回線事業者と、そのインターネットに接続して通信を通す役目をしているISP（プロバイダ）の2つの事業者と契約することが必要になります。

　なお、PAN（Personal Area Network）とはLANよりももっと狭い範囲のネットワーク空間を表す言葉で、一個人の手の届くくらいの範囲を指します。例えばBluetoothイヤホンで音楽を聴くといった小さいネットワーク空間はPANに該当します。

Q4 ①ノード　②リンク　　→ 1-5

コンピュータネットワークは複数のノードと、そのノードとノードを接続するリンクによって構成されています。ノードを点、リンクを点と点を結ぶ線と考えることができます。

Q5 ①ビット　②8　③キロ　④メガ　⑤ギガ　　→ 1-7

ビット（bit）、バイト（B・Byte）、キロバイト（KB・KByte）、メガバイト（MB・MByte）、ギガバイト（GB・GByte）といったそれぞれの表記方法も併せて覚えましょう。

2時間目

OSI参照モデルの
きほん

この章の主な学習内容

OSI参照モデル
7階層のそれぞれの大まかな役割を学び、通信の仕組みを理解しましょう。

カプセル化と非カプセル化
コンピュータの中で通信が形作られ、送信されるまでの流れを押さえましょう。

TCP/IPモデル
TCP/IPモデルの特徴やOSI参照モデルとの違いを比較しながら理解しましょう。

2-1 [OSI参照モデル] プロトコルって何？

> **ざっくりいうと**
> プロトコルは「通信の共通ルール・お約束ごと」のこと
> 会話するとき「共通の言葉」を使うのと同じイメージ
> 通信は複数のプロトコルを組み合わせて使うことで初めて成り立つ

●やり取りを行うための共通ルール

　私たちが日本語を知らない外国の方と話をするとき、どんな言葉を使うでしょうか。もちろん日本語で話しかけても相手には通じませんので、相手が理解できる英語などで会話をしますよね。また宅配便で荷物を相手に届けるときには、「○○県△△市…」のように、誰でも理解できる住所を指定して送ります。このように、相手と何かをやり取りする際は、英語や住所という「双方が理解できる共通ルール」を用いることで、会話をしたり荷物を送ったりしています（図2-1）。

●プロトコルとは

　コンピュータ同士が通信する際も、同じように「通信の共通ルール」があります。この共通ルールこそがプロトコル（通信プロトコル）です。プロトコルは「通信規約」や「通信手順」と訳されることがありますが、あまり難しく考えずに「共通のルール」や「共通の仕組み」と考えると良いでしょう。

　図2-2の「メール通信」の例で考えてみましょう。送信側と受信側の双方の機器が「メール通信」というメールをやり取りする際のルール・仕組みを知っているからこそ、送信側はメールを送ることができますし、受信側はその送られてきたメールを受信して読み取ることができます。もし受信側の機器が「メール通信」のルール・仕組みを知らなかったとしたら、送られてきた通信の内容を理解できず、やり取りが成り立ちません。このように双方の機器で共通のプロトコルが動作していることによって、通信は成り立っているのです。

　また通信は、1つだけではなく複数のプロトコルが組み合わさって初めて成り立ちます。この複数のプロトコルを組み合わせたものをプロトコルスタックやネットワークアーキテクチャと呼びます。そのプロトコルスタックの代表例として、次の節から解説するOSI参照モデルやTCP/IPモデルがあります。

OSI参照モデルのきほん

図2-1　やり取りを行うには「共通ルール」が必要

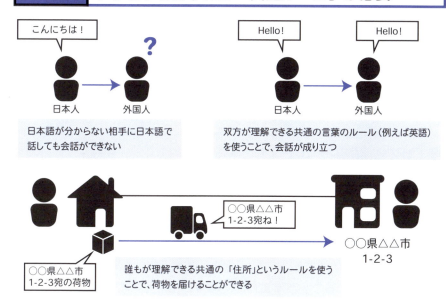

図2-2　プロトコルの役割（メール通信）

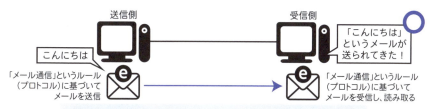

2-2 [OSI参照モデル] OSI参照モデルって何？

>
> 通信が相手に届くまでの一連の流れを7ステップに分けて考えたもの、それが「OSI参照モデル」
> 7階層の名前は「アプセトネデブ」で覚えよう！

●OSI参照モデルとは

　OSI（Open Systems Interconnection）参照モデルは、「通信する際に必要な機能を7つの階層に分類してまとめた通信のルール」です。通信の仕組みは一見難しそうに感じるかもしれませんが、その基本はとても簡単で、宅配便で荷物を送るという流れに非常によく似ています（図2-3）。

　荷物を送る場合、①まず送る「モノ」を決めます。次に、②その「モノ」をラッピングし、箱に詰めることで荷物が完成します。出来上がった荷物は、③相手の住所を指定することで配達されていきます。その際に、④生鮮食品であればクール便を使う、といったように配送方法を指定することもできます。

　このように、宅配便で荷物を運ぶ際に、実際に私たちが行うステップはいくつかに分かれています。通信も同じで、コンピュータからコンピュータまでデータを届ける際の流れは、いくつかのステップに分かれています。そのステップを分けてルール化したものがOSI参照モデルなのです。

●OSI参照モデルの7階層

　OSI参照モデルでは、通信が相手に届くまでの一連の流れを機能ごとに7つのステップ、つまり7階層＊に分けて考えています。各層の名称は上からアプリケーション層（「レイヤ7」や「第7層」とも呼びます。以下同様）、プレゼンテーション層（レイヤ6）、セッション層（レイヤ5）、トランスポート層（レイヤ4）、ネットワーク層（レイヤ3）、データリンク層（レイヤ2）、物理層（レイヤ1）です（図2-4）。7つの層に分けられていますので、数字で呼ぶこともあります。また、レイヤ7～5までを「上位層」、レイヤ4～1までを「下位層」とも呼びます。

　ここでは各層の名称と層の数字をしっかりと紐付けて覚えましょう。上の層から「アプセトネデブ」と、語呂合わせのように覚えると覚えやすいです。

HINT ＊階層のことを英語では「レイヤ（layer）」と呼びます。

図2-3　宅配で荷物を送るときの流れ

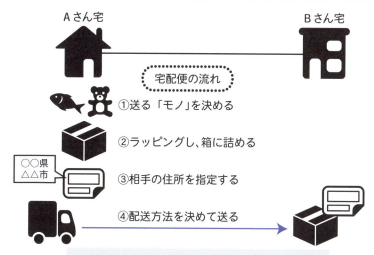

宅配便では、このようにいくつかのステップを行うことで相手に荷物を送ることができる

図2-4　OSI参照モデルの7階層

上位層	第7層	アプリケーション層
上位層	第6層	プレゼンテーション層
上位層	第5層	セッション層
下位層	第4層	トランスポート層
下位層	第3層	ネットワーク層
下位層	第2層	データリンク層
下位層	第1層	物理層

PCから通信を相手に送る際も宅配と同じ。OSI参照モデルの上の層から各層のステップを行うことで通信が出来上がり、相手に届けることができる

ワンポイントアドバイス　OSI参照モデルは全部で7階層に分けられていて、レイヤ7～レイヤ5までの3層を上位層、レイヤ4～レイヤ1の4層を下位層と呼びます。各層の名称と層の数字を紐付けて覚えるようにしましょう。

2-3 [OSI参照モデル] 上位3階層の役割

> **ざっくりいうと**
> レイヤ7で「データ(モノ)」が作られ、レイヤ6で「共通の形式」に変換し、レイヤ5で相手と「セッション」が形成される
> 上位3階層でまとめて「データ(モノ)が作成されている」と考えてOK

●アプリケーション層の役割

　アプリケーション層はユーザ自身が操作するアプリケーションに対する機能を提供する層です。もっと簡単にいえば、「やり取りするデータ（モノ）を扱う層」になります。Web通信を例に考えてみましょう。WebサーバではWebページという「モノ」をデータとして送信し、受信側である私たちのPCでは受け取ったデータをWebページという「モノ」に戻してWebブラウザ上に表示しています。このように、送信側と受信側が「Web通信」という共通のアプリケーション層のプロトコル（ルール）に則って動作しているため、送信側と受信側でWebページという「モノ」のやり取りを行うことができます（図2-5）。

●プレゼンテーション層の役割

　プレゼンテーション層は「データの表現方式を決め、共通の形式に変換する層」で、通信で利用する文字コードやフォーマットなどを決めています。アプリケーション層で作成されたデータを、プレゼンテーション層の働きによって共通の形式に変換することで、文字化けなどを起こさずにやり取りができます（図2-6）。

●セッション層の役割

　セッション層は「アプリケーション間でのセッション*の確立・維持・終了を担う層」です。複数のアプリケーションが同時に動作していたとしても、セッション層の働きによって、それぞれのアプリケーション間で個別にセッションを確立できます。そのため、通信が混ざるといったことが起こらず、目的のアプリケーション間で正しくデータのやり取りを行うことが可能になります（図2-7）。
　実際にはこれら3層の役割を厳密に区別するケースはあまりありません。上位3層の働きが合わさってデータ（モノ）が出来上がっていると覚えましょう。

> **HINT** *「セッション」とは、通信の始まりから終わりまでの一連の流れの中で形成される論理的な通信路を指します。ケーブルなどの物理的な線に捉われない、直通のホットラインのようなイメージです。

図2-5　アプリケーション層の役割

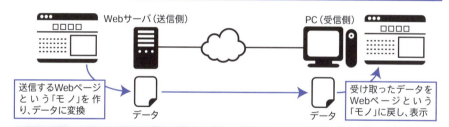

送信側のWebサーバが作成したWebページをデータに変換するのも、受信側のPCが受け取ったデータをWebページとして表示するのも、「Web通信」という共通のアプリケーション層のプロトコルに則っているので、正常にやり取りできる

図2-6　プレゼンテーション層の役割

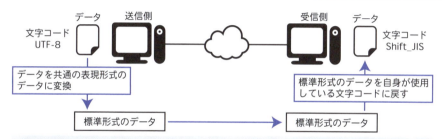

送信側と受信側が異なる文字コードを用いていたとしても、プレゼンテーション層で定められた共通の表現形式（共通のプロトコル）に変換することによって、文字化けなどを起こさずにやり取りできる

図2-7　セッション層の役割

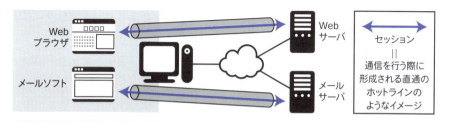

通信が行われている間、WebブラウザはWebサーバと、メールソフトはメールサーバと、それぞれセッションを確立する。そのため、Webサーバから送られてきたWeb通信がメールソフトに届くといったことは起こらず、やり取りしているアプリケーションのセッション間で正しく通信を行うことができる

[OSI参照モデル]
トランスポート層の役割

> **ざっくりいうと**
> トランスポート層の役割は主に2つ
> 相手に正確に・確実に通信を届けるための「信頼性」の確保と、
> セッションを確立するための「ポート番号」の割り当て

●トランスポート層の役割

　トランスポート層は「ノード間の通信における信頼性を確保し、セッションを確立するうえで必要なポート番号の割り当てを行う層」です。それぞれについて見ていきましょう。

●信頼性のある通信

　信頼性（または信頼性のある通信）とは、相手に対して「正確に・確実に」通信を届けられるということです。宅配便でも、中身を壊さず確実に全部の荷物を配送してくれる会社の方が「信頼できる配送会社」といえますよね。それと同じイメージで、通信も相手に対してデータを壊さず、またすべてのデータを漏れなく届けることができて、初めて信頼性があるといえます。トランスポート層には、信頼性を確保するための様々な仕組みが備わっています（図2-8）。

●ポート番号

　ポート番号とは、「アプリケーション層で利用されるプロトコルを識別するための番号」です。同じPC内でも、例えばWebブラウザはポート番号2000番を、メールソフトはポート番号3000番を使用するといったように、アプリケーションごとに個別のポート番号が割り当てられています。PCの中ではアプリケーションごとに部屋が分かれていて、その部屋番号がポート番号と考えると良いでしょう。

　セッションを確立する際は、「相手PCのポート番号○○番とセッションを確立する」というように、ポート番号によってアプリケーションを識別しているため、送信された通信は混ざることなく正確にアプリケーションへと届けられます（図2-9）。トランスポート層の詳細は5時間目に解説します。

OSI参照モデルのきほん●

図2-8　トランスポート層の役割① 信頼性のある通信

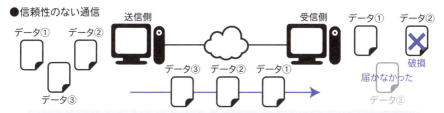

送信側が送った複数のデータが、何らかの原因で破損していたり届かなかったりしたら、「信頼性のある通信」とはいえない

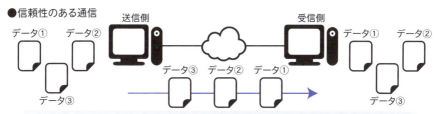

すべてのデータを確実に、かつ正確に届けることができて初めて「信頼性のある通信」と呼べる。トランスポート層では信頼性を確保するために様々な機能が備わっている

図2-9　トランスポート層の役割② ポート番号の割り当て

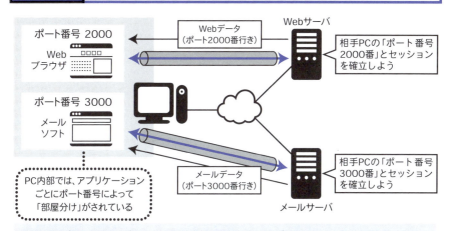

Webサーバとメールサーバは、それぞれPC内で動作しているアプリケーションごとに個別にセッションを確立している。送信側と受信側の双方で「ポート番号」という共通の番号を使ってセッションを確立しているため、該当するアプリケーションに正確に通信を届けることができる

［OSI 参照モデル］
ネットワーク層の役割

> **ざっくりいうと**
> ネットワーク層は「エンドツーエンド」の通信を担う層
> ネットワークを越えた遠い先の目的地まで運ぶ役割
> IPアドレスという住所を指定して通信を送り届ける

●ネットワーク層の役割

　ネットワーク層は「複数のネットワークをまたがったエンドツーエンド＊の機器間の通信を担う層」です。1時間目の解説ではネットワークを「つながり」という概念的な意味合いで用いていましたが、ここでのネットワークの意味はもっと具体的で、ルータによって分割されたグループのことを指します（図2-10）。このエンドツーエンドの通信は、主に2つの仕組みによって実現されています。

●IPアドレス

　1つ目はコンピュータの住所を決め、その住所に基づいて通信を転送することです。宅配便でも、相手の住所が分からないと荷物を送ることができません。コンピュータの世界も同じで、相手機器の住所が分からなければ通信を送ることができないのです。そのため、コンピュータにも住所が設定されています。コンピュータに設定されている共通の住所をIPアドレスといいます（図2-11）。

●ルータによるルーティング

　2つ目は適切な経路を決定することです。複数のネットワークをまたいだ先に対して通信を行う際には、必ずルータを経由します。複数のネットワークは複雑に接続しているため、中には図2-12のように途中で分かれ道のようになっている場合もあります。PC-AからPC-B（△△△宛）へ送られた通信がルータ1にやってきた際に、ルータ1はその宛先がルータ2の先にあると判断して、ルータ2へ通信を転送します。このようにルータが宛先のIPアドレスから適切な経路を決定し転送する仕組みをルーティングと呼びます。ネットワーク層の動作ではルータの役割が重要になります。なお、ネットワーク層の詳細は4時間目に、ルーティングの詳細は6時間目に解説します。

 ＊「エンドツーエンド」とは「端から端まで」という意味で、通信の送信元の機器から通信の宛先の機器までを指します。

図2-10 ルータによる「ネットワーク」の分割

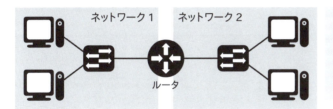

ルータによって分割されるグループのことを**ネットワーク**と呼ぶ。この場合、ルータによって2つのネットワークに分割されている

ワンポイントアドバイス ネットワークという言葉は、概念的な意味合いでの「つながり」全体を表す際にも用いられますが、もっと具体的な意味合いとして、ルータによって物理的に分割された1つ1つの小さいグループのこともネットワークと呼びます。

図2-11 ネットワーク層の役割① IPアドレスの決定と通信の転送

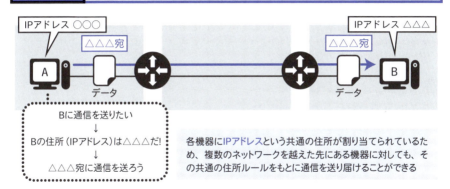

Bに通信を送りたい
↓
Bの住所（IPアドレス）は△△△だ！
↓
△△△宛に通信を送ろう

各機器に**IPアドレス**という共通の住所が割り当てられているため、複数のネットワークを越えた先にある機器に対しても、その共通の住所ルールをもとに通信を送り届けることができる

図2-12 ネットワーク層の役割② ルータによるルーティング

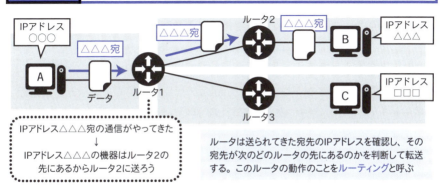

IPアドレス△△△宛の通信がやってきた
↓
IPアドレス△△△の機器はルータ2の先にあるからルータ2に送ろう

ルータは送られてきた宛先のIPアドレスを確認し、その宛先が次のどのルータの先にあるのかを判断して転送する。このルータの動作のことを**ルーティング**と呼ぶ

[OSI参照モデル]
データリンク層の役割

> **ざっくりいうと**
> データリンク層は「同一ネットワーク内」の通信を担う層
> 同じネットワーク内にある近い場所の目的地まで通信を運ぶ
> MACアドレスという共通の住所をもとに通信を届ける

●データリンク層の役割

データリンク層は「同一ネットワーク内で直接接続された機器間の通信を担う層」になります。

ネットワーク層がネットワークをまたいだ全体の通信を担っているのに対して、データリンク層はその1つ1つのネットワーク内での通信という、より部分的な範囲での通信を担っています（図2-13）。また、このデータリンク層では、送られてきたデータが破損していないかといったエラーの検出なども行っています。

●MACアドレス

2-5で「コンピュータにはIPアドレスという住所が設定されている」と述べましたが、実はコンピュータにはもう1つ、MACアドレスという住所も設定されています。ネットワーク層で決められている住所がIPアドレス、データリンク層で決められている住所がMACアドレスです。同一ネットワーク内での通信を行う際には、このMACアドレスという共通の住所が用いられます。

●スイッチによるフィルタリング

図2-14のようにスイッチによって接続された同一ネットワーク内で、PC-AからPC-Bに通信を送信する場合を見てみましょう。PC-AからPC-Bへ送信されるデータには、宛先であるPC-BのMACアドレスが付けられています。その通信を受け取ったスイッチは、宛先のMACアドレスを見て、送り先が自身の2番ポート*（差込口）の先にあると判断して通信を転送していきます。

このように、スイッチが宛先のMACアドレスから送り出していくポートを決定し、転送する仕組みをフィルタリングと呼びます。なお、データリンク層の詳細は3時間目、フィルタリングの詳細は6時間目に解説します。

> **HINT** *ここでのポートは差込口（＝インターフェイス）という意味で使用しています。トランスポート層の「ポート番号」とは意味が異なるので気をつけましょう。

OSI参照モデルのきほん●

図2-13　ネットワーク層とデータリンク層の役割の違い

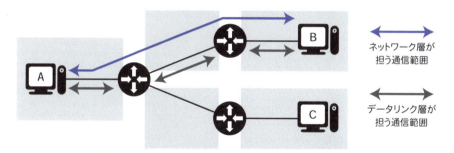

ネットワーク層が複数のネットワークをまたいだエンドツーエンドでの通信を担っているのに対し、データリンク層は同一ネットワーク内での通信を担っている

図2-14　スイッチによるフィルタリング

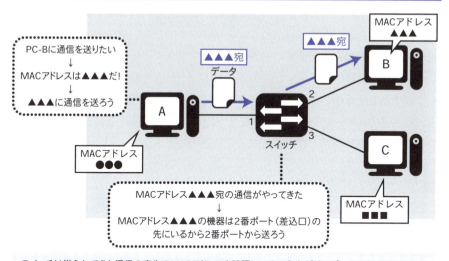

スイッチは送られてきた通信の宛先のMACアドレスを確認し、その宛先がどのポートの先にあるのかを判断して転送する。このスイッチの動作のことをフィルタリングと呼ぶ

ワンポイントアドバイス　通信の世界では、IPアドレスとMACアドレスの2つの住所を使って通信を行います。IPアドレスを使うことで、ルータをまたいだ離れたネットワークの先の宛先にまで通信を行うことができますが、その1つ1つのネットワーク内ではMACアドレスを用いて通信を送っています。詳しくは6時間目に解説します。

［OSI参照モデル］
物理層の役割

> **ざっくりいうと**
> 物理層はコンピュータ内の「データ」を、ケーブル上を流れる「信号」に変換し、受け渡しをする層
> ケーブルの種類やコネクタについてのルール決めも行う

●物理層の役割

物理層は「コンピュータ内で扱われているデータを信号に変換するルール、ケーブルの種類やコネクタ（接続口）の形状などの規格を決めている層」になります。

●電気信号や光信号への変換

1-7で解説したように、コンピュータで作成されたデータはすべて「0」と「1」の2進数の値でできていますが、ケーブル上を通信が流れる際には、電気信号や光信号、電波などの形で送信されていきます。そのため、送信側ではデータを電気信号などに変換して送信する必要があり、受信側では受信したその電気信号をデータに戻す必要があります。この送信側の「データを電気信号に変換する」という動作と、受信側の「電気信号をデータに戻す」という動作は、物理層で定められた共通のルールに則って行われています。この物理層の働きによって、データの受け渡しをすることが可能になっているのです（図2-15）。

●ケーブルの種類・コネクタの規格

物理層では、ケーブルの種類やコネクタの形状などの規格についても規定されています。私たちが日常で使用するケーブルはLANケーブル[*1]が一般的ですが、LANケーブルを使えばどのPCでも、プリンタでも、サーバでも、通信を行うことができます。これは「LANケーブルの構造は〇〇〇というつくりにするよ。コネクタの形状は△△△にするよ」という共通ルール（規格）が定められているからです。このような物理層で定められている統一された共通ルールがあるからこそ、ベンダ[*2]が異なるPCでも、サーバやプリンタといった異なる機器でも相互に接続し通信することができるのです（図2-16）。なお、物理層の詳細は3時間目に詳しく解説します。

*1 LANケーブルの種類や特徴については3時間目に解説します。
*2「ベンダ」とは、製品の製造会社・製造元・メーカーを表す言葉です。

図 2-15　物理層の役割① データを電気信号に変換する

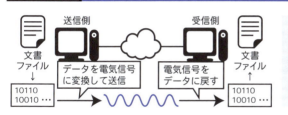

送信側が送信するデータを電気信号に変換するのも、受信側が受け取った電気信号をデータに戻すのも、物理層の共通のルールに則って行う。そのため互いにデータの受け渡しを行うことができる

図 2-16　物理層の役割② ケーブルの種類やコネクタの規格統一

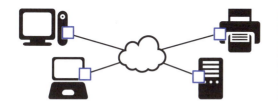

製造元が異なるPCやサーバ・プリンタなどの異なる機器であっても、ケーブルの種類やコネクタ（接続口）の形状についての共通ルールが定められているため、互いに接続し通信することができる

COLUMN

OSI参照モデルのメリット

OSI参照モデルのような通信モデルがあることには、大きく3つのメリットがあります。1つ目は、世界共通の通信ルールであるため、すべてのベンダがこのルールに則って機器を製造・販売できることです。そのため、異なるベンダの機器間であっても、またPCやプリンタといった異なる機器でも、相互に通信可能です。2つ目は、階層ごとに機能が独立しているため、他のレイヤに影響を与えないということです。例えば新しいケーブルが発明されたとしても、既存のMACアドレスやIPアドレスという他のレイヤの機能をそのまま使って通信を行うことができるので、機能の開発や拡張が簡単になります。3つ目は、障害発生時に、原因の早期特定や早期解決がしやすくなることです。障害が起こった際に、まずレイヤ1に該当するケーブル周りを確認し、問題がなければレイヤ2の主要機器であるスイッチの設定を確認し、それでも問題がなければレイヤ3の主要機器であるルータを確認する…といったように、手順を明確化することができます。

実際に体験してみよう！

自分のPCのIPアドレスと
MACアドレスを調べてみよう！

　自分が使っているPCのIPアドレスとMACアドレスを、GUIでの操作とCUIでの操作の2通りで確認してみましょう。

【Windowsの場合】
《CUIでの確認方法》
■「ipconfig /all」コマンドを実行する

　コマンドプロンプトを立ち上げ（起動方法はP.39参照）、「ipconfig /all」コマンドを実行します。ipconfigと/allの間には半角スペースを入力してください。有線ケーブルを利用している場合は「イーサネット アダプター イーサネット:」と書かれている欄を、無線を利用している場合は「Wireless LAN adapter Wi-Fi:」の欄を確認します*。IPアドレスは「IPv4 アドレス」、MACアドレスは「物理アドレス」に書かれている値になります。下の例では、IPアドレスが「192.168.1.3」、MACアドレスが「88-D7-F6-46-E2-C4」になっていることが確認できます。

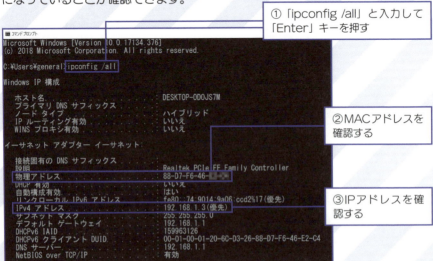

*Windows 7では、有線ケーブルを利用している場合は「イーサネット アダプター ローカル エリア接続:」、無線を利用している場合は「Wireless LAN adapter ワイヤレス ネットワーク接続:」の欄になります。

OSI参照モデルのきほん●

《GUIでの確認方法》
■STEP 1.「ネットワークと共有センター」を開く

　Windowsのスタートメニューから、「設定」→「ネットワークとインターネット」→「イーサネット」→「ネットワークと共有センター」とクリックして、「ネットワークと共有センター」を開きます。有線ケーブルを利用している場合は「イーサネット」を、無線を利用している場合は「Wi-Fi」をクリックします（下の画面では、有線ケーブルで接続しているため「イーサネット」が表示されています）。

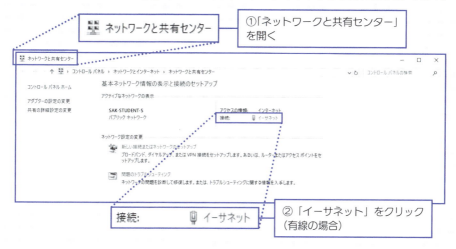

■STEP 2.「詳細情報」を表示する

　表示されたウィンドウの「詳細」ボタンをクリックします。新しく表示されたウィンドウの「IPv4 アドレス」と「物理アドレス」の欄に、それぞれIPアドレスとMACアドレスが表示されます。

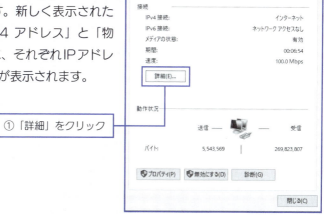

61

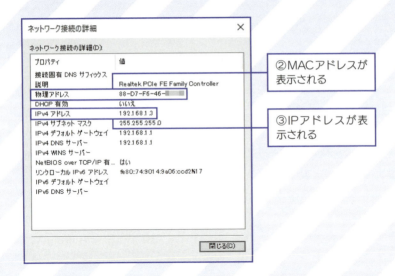

【Macの場合】
《CUIでの確認方法》
■「ifconfig」コマンドを実行する

　ターミナルを立ち上げ（起動方法はP.40参照）、「ifconfig」コマンドを実行し、「en<数字>」と書かれている欄を確認します。「ether」の欄にMACアドレスが、「inet」の欄にIPアドレスが表示されます（下の画面では、「en5」が有線ケーブルを利用している際の情報ですが、PCによってはen0やen1の欄に表示されることもあります）。この場合、MACアドレスが「34:95:db:2e:50:ae」、IPアドレスが「192.168.1.4」になっていることが確認できます。

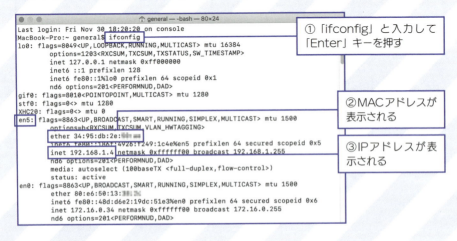

OSI参照モデルのきほん●

《GUIでの確認方法》
■STEP 1.「ネットワーク」を開く

　Spotlight検索で「ネットワーク」と入力し、表示された中から「システム環境設定」にある「ネットワーク」をクリックします。

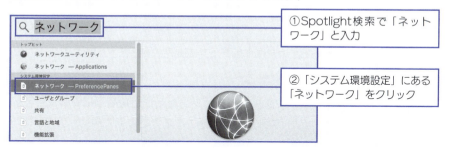

■STEP 2. 接続しているネットワークを選択する

　有線ケーブルで接続している場合はそのインターフェイス名を、無線で接続している場合はWi-Fiを選択すると、現在設定されているIPアドレスが表示されます。また、右下の「詳細」ボタンをクリックし「ハードウェア」のタブをクリックすることで、MACアドレスも表示することができます。

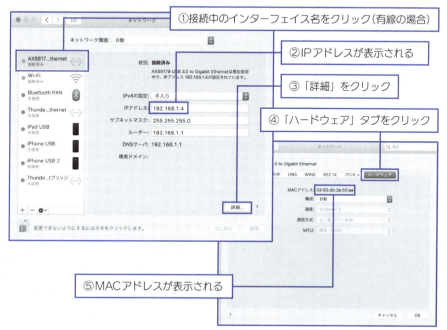

63

[カプセル化と非カプセル化]
カプセル化って何？

> **ざっくりいうと**
> カプセル化は送信側が通信を作り上げていく動作のこと
> 上位層から下位層へ、作ったものを渡してカプセルの中に
> 入れていくイメージなので「カプセル化」と覚えよう！

●カプセル化のイメージ

　カプセル化とは、「送信側の機器が通信データを送信可能な形に作り上げていく動作」です。例によって、宅配便で荷物を送る場合で考えてみましょう。2-2で見たように、荷物を送る場合にはいくつかのステップを踏んでいます。例えば、魚などの食品は、ラッピングや梱包など何もしない状態では、相手に送ることはできませんよね。通信も同様で、何も手を施していないそのままのデータの状態では相手に送ることができません。荷物を「梱包する」のと同じように、通信も送信できるように「形作る」必要があります（図2-17）。

●カプセル化の動作

　具体的にカプセル化の動作を見ていきましょう。通信の場合は作成されたデータに対して、各層がそれぞれの役割のもとで必要な情報を先頭部分に付け加えていくことで通信が形作られていきます。付け加える情報のことをヘッダと呼びます。送信側では上位層から順番にヘッダを付けていき、ヘッダ＋データをひとかたまりのデータとして1つ下の層へと渡していきます。レイヤ7ではレイヤ7の情報が格納されたヘッダを先頭部分に付けてレイヤ6に渡し、レイヤ6ではレイヤ6の情報が格納されたヘッダをさらに先頭部分に付けレイヤ5に渡し、…と繰り返していきます。ヘッダが付けられるのはレイヤ2まで*で、そこでデータは完成します。最後のレイヤ1では、完成したデータを電気信号に変換してケーブル上に送り出します（図2-18）。

　このように、上位層によって作成されたデータを下の層に渡していき、各層でヘッダが付けられていくことで通信が形作られていきます。その流れが、カプセルに入れて何重にも包んでいくように見えるので、カプセル化という名前になっています。

> **HINT** *レイヤ2では、ヘッダ以外に末尾に「トレーラ」という情報も付け加えています。トレーラの役割については3時間目に解説します。

OSI参照モデルのきほん●

図2-17　カプセル化のイメージ

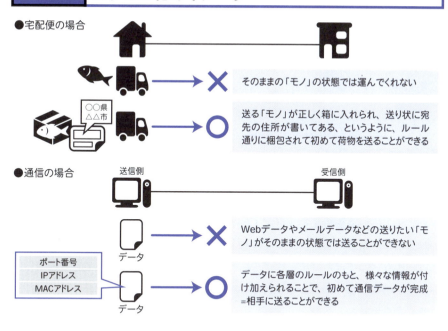

図2-18　カプセル化の具体的な動作

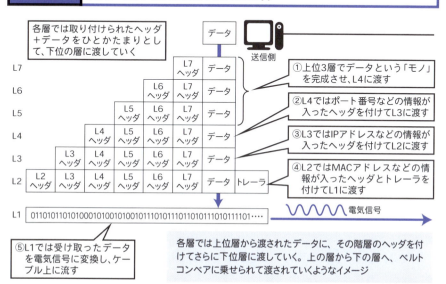

2-9 [カプセル化と非カプセル化] 非カプセル化って何？

> **ざっくりいうと**
> 非カプセル化は受信側がデータを取り出していく動作のこと
> 下位層から上位層へ、カプセルを外して中身を取り出すイメージなので「非カプセル化」と覚えよう

●非カプセル化のイメージ

　非カプセル化とは、「受信側が送られてきた通信の中から必要な情報を取り出していく動作」です。2-8で見たように、宅配便で送られてきた荷物は箱に梱包されて相手先に送られます。受取人はその箱を開けて、相手が送ってきた「モノ」を箱の中から取り出していきますよね。通信も同様で、受信側の機器が欲しい情報は相手が送ってきた「データそのもの」です。しかし、送られてきた通信には各レイヤの様々なヘッダが取り付けられているので、そのヘッダを外していかなければなりません。荷物を「開封していく」のと同じように、受け取った通信から「ヘッダを外してデータを取り出していく」必要があります（図2-19）。

●非カプセル化の動作

　カプセル化が「ヘッダを付け加えていく」という動作なのに対して、非カプセル化は「ヘッダを取り外してデータを取り出していく」という動作になります。カプセル化の流れで見た通り、送信側ではヘッダを取り付けて上から下の層へ渡していくため、先頭からレイヤ2ヘッダ、その後ろにレイヤ3ヘッダ、…というように、先頭部分にはより下位の層のヘッダが取り付けられています。そのため受信側ではカプセル化の動作とは逆に下位層から順番にヘッダを外し、1つ上の層へと渡していきます*。すべてのヘッダを外すことで送信側が送ってきたデータを取り出すことができます（図2-20）。

　受信した通信の電気信号はレイヤ1によってデータの形に戻され、そのデータを下の層から上の層へ渡していき、ヘッダを取り外していきます。カプセル化の動作とは逆に、その流れがカプセルを外して中身を取り出していくように見えるので（マトリョーシカを開けていき、中のものを取り出すイメージだと分かりやすいかもしれません）、非カプセル化という名前になっているのです。

> **HINT** *レイヤ2ではカプセル化の際に末尾に「トレーラ」という情報も付け加えられているので、非カプセル化の際にはヘッダだけではなくトレーラも取り外します。

図2-19 非カプセル化のイメージ

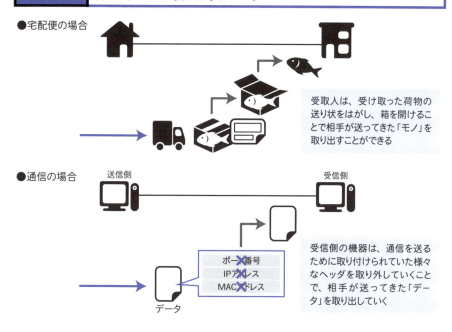

図2-20 非カプセル化の具体的な動作

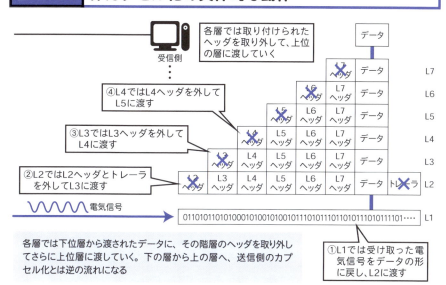

2-10 ［カプセル化と非カプセル化］
各レイヤの「PDU」の名称

> **ざっくりいうと**
> 一つ上の層によって渡されたデータを「ペイロード」、そのペイロードにヘッダをくっつけたものを「PDU」と呼ぶ
> 各層ごとにPDUの大きさも呼び方もそれぞれ違う

●PDUとペイロード

　カプセル化の動作で見たように、送信側では各層ごとに決まったヘッダを取り付けて、さらに下の層へと渡していきます。そのため、例えばレイヤ7での段階とレイヤ2での段階では、取り付けられているヘッダの数もデータサイズも全く異なるものになっています。各層単位で考えると「その層で取り付けるヘッダ」＋「上の層から渡されたデータ」の構成になっているわけですが、その「上の層から渡されたデータ」の部分をペイロードと呼びます。

　また、ヘッダとペイロードを合わせた、その層で作成されたひとかたまりのデータの単位をPDU（Protocol Data Unit）と呼びます。レイヤ7でヘッダを付けられてできたデータもPDUですし、レイヤ2でヘッダを付けられてできたデータもPDUです（図2-21）。

●各レイヤにおけるPDUの名称

　PDUには、各層ごとに名称が付けられています。2-3でも述べましたが、上位層ではそれぞれの層を厳密に区別することは少なく、上位層で作成されるPDUをまとめてメッセージと呼びます。レイヤ4の段階でのPDUは名称が2通りあり、セグメントまたはデータグラムと呼びます。レイヤ3の段階ではパケット、レイヤ2の段階ではフレーム、レイヤ1の段階ではビットとそれぞれ呼称します（図2-22）。

　なお、レイヤ4では、TCPというプロトコルが用いられている場合のPDUがセグメント、UDPというプロトコルが用いられている場合のPDUがデータグラムというように、使用されるプロトコルがTCPかUDPかによって名称が分かれています。TCPとUDPについては5時間目で詳しく学びますので、現段階では名称が2通りあるということだけを覚えるようにしましょう。

図 2-21　PDU とペイロード

レイヤ7の段階での
データの形

| L7ヘッダ | データ |

レイヤ2の段階での
データの形

| L2ヘッダ | L3ヘッダ | L4ヘッダ | L5ヘッダ | L6ヘッダ | L7ヘッダ | データ | トレーラ |

各層ごとで新しくヘッダが付け加えられていくので、各層それぞれの段階で付けられているヘッダの数も、全体のデータサイズも異なる

各層単位では…

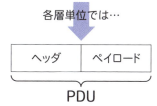

上の層から渡されたデータ部分をペイロードと呼び、「ヘッダ＋ペイロード」を合わせた、その層で作成されたひとかたまりのデータの単位をPDUと呼ぶ

図 2-22　各層の PDU の名称

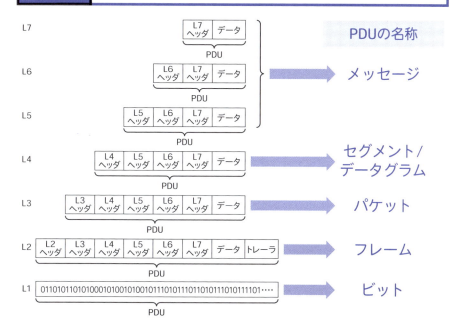

2-11 [その他] TCP/IP モデルって何？

> ざっくりいうと
> TCP/IP モデルは実際の通信の仕組みに即したモデル
> インターネットを利用する通信をベースに作られた
> 通信の仕組みを説明するときは OSI 参照モデルで説明することが多い

● TCP/IPモデルとOSI参照モデルの違い

　これまではOSI参照モデルに基づいて通信の仕組みを学んできましたが、もう1つ、TCP/IPモデルという通信モデルがあります。TCP/IPモデルは「インターネットを中心とした現在のネットワークで利用されている様々なプロトコル群を4つの機能（階層）に分類した通信の基本ルール」になります。

　実は、現在使用されている通信の仕組みは、Web通信もメール通信もその他すべて、このTCP/IPモデルに基づいて作られています。もともとOSI参照モデルとTCP/IPモデルは異なる団体によって策定されたモデルでしたが、インターネットでの通信を前提としたTCP/IPモデルが世界的に浸透していったという歴史上の経緯があります（図2-23）。しかし、通信の各機能を7つの層に細かく分けているOSI参照モデルで考えた方が通信の仕組みをより理解しやすいという点から、OSI参照モデルの考え方が現在でも残っているのです。

● TCP/IPモデルの4階層とOSI参照モデルの7階層

　それぞれの通信モデルの階層は表2-1のように対応しています。OSI参照モデルの上位3層と下位2層がTCP/IPモデルでは1つの層で定義され、それぞれアプリケーション層とネットワークインターフェイス層という名称になります。トランスポート層はOSI参照モデルもTCP/IPモデルも同じですが、ネットワーク層に該当する層がインターネット層という名称になっている点にも注意してください。OSI参照モデルが「通信の仕組みを細かく分けて理解しやすい層構造」であるのに対して、TCP/IPモデルは「実際の通信の仕組みはそこまで細かく分ける必要がなく、4層構成で十分だ」というような、より現実に即した通信モデルになります。2-3で上位3層は厳密に区別することはあまりないと述べましたが、実際の通信の仕組みがこのTCP/IPモデルをベースに作られているからです。

図2-23　OSI参照モデルとTCP/IPモデルの歴史的背景

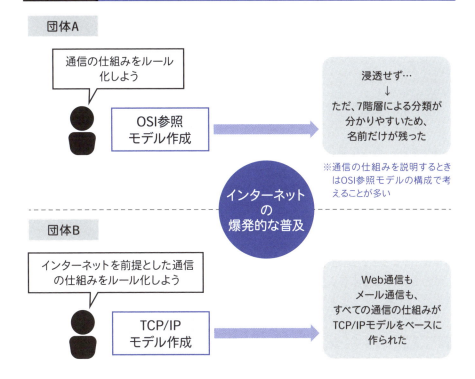

表2-1　TCP/IPモデルの4階層とOSI参照モデルの比較

OSI参照モデル			TCP/IPモデル	
上位層	第7層	アプリケーション層	第4層	アプリケーション層
上位層	第6層	プレゼンテーション層	第4層	アプリケーション層
上位層	第5層	セッション層	第4層	アプリケーション層
下位層	第4層	トランスポート層	第3層	トランスポート層
下位層	第3層	ネットワーク層	第2層	インターネット層
下位層	第2層	データリンク層	第1層	ネットワークインターフェイス層
下位層	第1層	物理層	第1層	ネットワークインターフェイス層

2-12 [その他] ユニキャスト・ブロードキャスト・マルチキャスト

> **ざっくりいうと**
> ユニキャストは「1対1」、ブロードキャストは「1対全体」、マルチキャストは「1対グループ」。通信の種類は、送る相手の数によって3つに分類される

　通信を相手機器に送信する際は、1つの機器にだけ送りたい場合もありますし、複数の機器に対して同じ通信をまとめて送りたいという場合もあります。相手の数に応じて、通信は次の3つの種類に分類することができます。

●ユニキャスト

　「ユニキャスト」は特定の1つの宛先に対してのみ通信を送信する方式で、1対1宛の通信になります。相手機器に設定されているアドレスを宛先に指定して通信を送信することで、ピンポイントで通信を届けることができます（図2-24）。

●ブロードキャスト

　「ブロードキャスト」は同じネットワーク内のすべての機器に対して通信を送信する方式で、1対ネットワーク内全体宛の通信になります。ブロードキャストでは、「ブロードキャストアドレス」を宛先に指定して送信します。図2-25のように、PC-Aから送信されたブロードキャストはPC-B、PC-C、PC-Dとルータに届きますが、異なるネットワークに所属するPC-EやPC-Fには届きません。

●マルチキャスト

　「マルチキャスト」は、ある特定のグループに含まれる機器に対して通信を送信する方法で、1対特定のグループ宛の通信になります。マルチキャストアドレスを宛先に指定して通信を送信することで、図2-26のようにPC-BとPC-Cだけが所属しているグループ宛に通信を送るといったことができます。複数の機器に対して同じ内容の通信を送る場合、ユニキャストではその台数分だけ同じ通信を送信しないといけませんが、ブロードキャストやマルチキャストでは1回送信するだけで複数の機器に同じ内容の通信を送信できるというメリットがあります。

図2-24 ユニキャスト

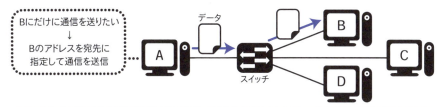

相手のアドレスを宛先にして送信することでその機器に対してピンポイントで届けることができる。PC-Aから送信された通信はPC-Bだけに届き、他の機器には送られない

図2-25 ブロードキャスト

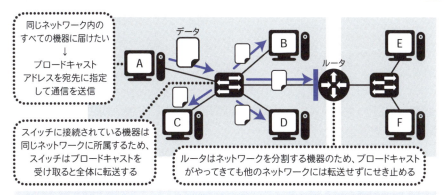

ブロードキャストアドレスを宛先にして送信することでネットワーク全体に対して同じ通信を届けることができる。ルータを越えた先にある異なるネットワークには届かないため、PC-EやPC-Fには届かない

図2-26 マルチキャスト

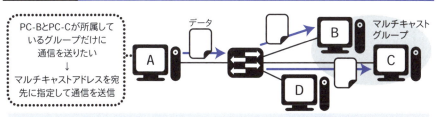

マルチキャストアドレスを宛先にして送信することで、例えばPC-BとPC-Cだけが所属しているマルチキャストグループに対してだけ通信を届けることができる

問題に挑戦してみよう！

【問題】

Q1 次のOSI参照モデルとTCP/IPモデルの表で、（ ）内に入る名称を記入してください。

OSI参照モデル				TCP/IPモデル	
（①）層	第7層	（②）層		第4層	アプリケーション層
	第6層	プレゼンテーション層			
	第5層	（③）層			
下位層	第4層	トランスポート層		第3層	（⑥）層
	第3層	（④）層		第2層	（⑦）層
	第2層	（⑤）層		第1層	（⑧）層
	第1層	物理層			

①(　　　　) ②(　　　　) ③(　　　　) ④(　　　　)
⑤(　　　　) ⑥(　　　　) ⑦(　　　　) ⑧(　　　　)

Q2 以下の文章の（ ）に入る適切な用語を以下の中から選択して記入してください。

OSI参照モデルは通信を相手に届けるまでの仕組みを全7階層に分けたもので、それぞれの層ごとに役割が決められています。第7層である（ ① ）層は（ ② ）を担う層、第6層である（ ③ ）層は（ ④ ）を担う層、第5層である（ ⑤ ）は（ ⑥ ）を担う層です。

A．ネットワーク層　　B．プレゼンテーション層　　C．セッション層
D．アプリケーション層　E．エンドツーエンドの通信を行う役割
F．アプリケーション間でセッションの確立・維持・終了をする役割
G．やり取りするデータ（モノ）を作成する役割
H．データの表現方法を決め、共通の形式に変換する役割

①(　　　　) ②(　　　　) ③(　　　　)
④(　　　　) ⑤(　　　　) ⑥(　　　　)

Q3 以下の文章の（ ）に入る適切な用語を記入してください。

OSI参照モデルのきほん

OSI参照モデルは通信を相手に届けるまでの仕組みを全7階層に分けたもので、それぞれの層ごとに役割が決められています。第4層であるトランスポート層では、ノード間の通信における（ ① ）の確保や、（ ② ）番号の割り当てを行います。第3層であるネットワーク層では、エンドツーエンドの通信を担う層で、（ ③ ）アドレスに基づいて通信を転送します。第2層であるデータリンク層では、同一ネットワーク内での通信を担う層で、（ ④ ）アドレスに基づいて通信を転送します。

①(　　　　　) ②(　　　　　) ③(　　　　　) ④(　　　　　)

以下のネットワーク層とデータリンク層に関連する各用語を、それぞれ適切な層に分類してください。

A. ポート番号　　B. MACアドレス　　C. IPアドレス
D. ルータ　　　　E. ハブ　　　　　　F. スイッチ
G. ルーティング　H. セッション　　　I. フィルタリング

① (　　　　　) ② (　　　　　) ③ (　　　　　)
④ (　　　　　) ⑤ (　　　　　) ⑥ (　　　　　)

Q5 カプセル化と非カプセル化の動作について述べている下記の文章の（ ）に入る適切な用語を記入してください。

送信側の機器では各レイヤの機能を実現するために、それぞれの層で必要な情報を（ ① ）としてデータに付加して（ ② ）へと渡し、最終的に電気信号に変換されて相手機器まで送信されます。その通信を受け取った受信側の機器では、送信側の機器とは逆に（ ③ ）へとデータを渡していき、付加されたヘッダを取り外してデータを取り出していきます。送信側の動作のことを（ ④ ）化、受信側の動作のことを（ ⑤ ）化と呼びます。

A. PDU　　　　　　　B. ヘッダ　　　　　　C. 下から上の層
D. 上から下の層　　　E. カプセル　　　　　F. 非カプセル

① (　　　　　)　② (　　　　　　)　③ (　　　　　　)
④ (　　　　　)　⑤ (　　　　　　)

Q6 左側に書かれている用語と右側に書かれている説明を、正しい組み合わせになるように線で結んでください。

| ユニキャスト通信 | ・ | ・ | 1つの送信元から、ネットワーク内全体へと送る通信方法 |

| マルチキャスト通信 | ・ | ・ | 1つの送信元から、1つの宛先へと送る通信方法 |

| ブロードキャスト通信 | ・ | ・ | 1つの送信元から、特定のグループへと送る通信方法 |

【解答・解説】

Q1

OSI参照モデル			TCP/IPモデル	
① （上位）層	第7層	②（アプリケーション）層	第4層	アプリケーション層
	第6層	プレゼンテーション層		
	第5層	③（セッション）層		
下位層	第4層	トランスポート層	第3層	⑥（トランスポート）層
	第3層	④（ネットワーク）層	第2層	⑦（インターネット）層
	第2層	⑤（データリンク）層	第1層	⑧（ネットワークインターフェイス）層
	第1層	物理層		

　OSI参照モデルは7階層のモデル構成であるのに対し、TCP/IPモデルは4階層のモデル構成になります。OSI参照モデルで分けられていた上位3層が1つのアプリケーション層に、下位2層が1つのネットワークインターフェイス層に対応しています。TCP/IPモデルでは4階層のため、アプリケーション層が第4層に該当します。層の番号も変わりますので注意が必要です。　→ 2-2、2-11

Q2　① D　② G　③ B　④ H　⑤ C　⑥ F

　アプリケーション層によって作成された通信するデータ（モノ）が、プレゼンテーション層によって共通の表現方式に変換され、セッション層によって相手と論理的な通信路（セッション）を確立し、やり取りを行います。　→ 2-3

Q3　① 信頼性　② ポート　③ IP　④ MAC

　トランスポート層ではノード間の通信における信頼性の確保、セッションを確立するためにポート番号の割り当てを行います。ネットワーク層ではエンドツーエンドの通信を行うためにIPアドレスを用い、データリンク層では同一ネットワーク内で通信を行うためにMACアドレスを用いています。　→ 2-4〜2-6

Q4

ネットワーク層
①（ C. IPアドレス ）
②（ D. ルータ ）
③（ G. ルーティング ）

データリンク層
④（ B. MACアドレス ）
⑤（ F. スイッチ ）
⑥（ I. フィルタリング ）

→ 2-5、2-6

Q5 ① B ② D ③ C ④ E ⑤ F

通信の送信側の機器では、作成したデータを上から下の層へ渡していき、各層でヘッダを付加して通信データを作成していきます。この動作のことをカプセル化といいます。反対に受信側では受信したデータを下から上の層へと渡していき、各層で付けられたヘッダを外してデータを取り出していきます。この動作のことを非カプセル化といいます。

Q6

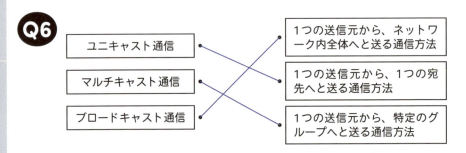

ユニキャスト通信は1対1宛の通信、マルチキャスト通信は1対グループ宛の通信、ブロードキャスト通信は1対ネットワーク内全体宛の通信です。通信の送り先（届く先）の範囲によって名称が分かれていますので整理して覚えましょう。

➡ 2-12

3時間目

物理層と
データリンク層の役割

この章の主な学習内容

物理層
LANで使用されるケーブルの種類やリピータハブの特徴を理解しましょう。

データリンク層
イーサネットの特徴やMACアドレスの構造を理解しましょう。
スイッチやスイッチングハブを利用した通信の流れを押さえましょう。

[物理層] 物理層の概要

> **ざっくりいうと**
> 物理層はコネクタやケーブルなどの物理的なルールを決めている層
> LANケーブルのコネクタは8ピンタイプ
> 同軸ケーブルは通信では使われておらず、主な用途はテレビの接続

●物理層の概要

物理層では主に以下のことを定義しています。
・コネクタの形状の種類
・ケーブルの種類
・コンピュータのデータとケーブル上を流れる電気信号の変換

このように、物理的な仕様に関する様々なルールを決めているのが物理層の役割になります。OSI参照モデルではレイヤ1として独立して定義されていますが、TCP/IPモデルではレイヤ1とレイヤ2は1つの「ネットワークインターフェイス層」として定義されています。

●コネクタの形状

コネクタとは、ケーブルの先端に取り付けられている接続口のことで、コネクタを介してコンピュータのポート（差込口）とケーブルを接続します。コネクタの形状には電話回線で利用される6ピンタイプのRJ-11や、LANケーブルに使用されている、8ピンタイプのRJ-45などがあります（図3-1）。

●同軸ケーブル

LANケーブルが現在ほど普及する以前は、「同軸ケーブル」というケーブルを使用して通信を行っていました。同軸ケーブルは通信が流れる中心の1本の銅線を絶縁体で囲んだケーブルになります。ただし、LANケーブルの高速化・低価格化により、次第に使用されることがなくなりました。同軸ケーブルは、現在では主にテレビの接続などに用いられています（図3-2）。

CCNAの試験で問われることはほとんどありませんが、この同軸ケーブルを使って通信を行っていた時代があったということは覚えておきましょう。

物理層とデータリンク層の役割●

図3-1　ケーブルの各コネクタの形状

RJ-11

電話回線に利用されるRJ-11コネクタは6ピンタイプの形状

RJ-45

LANケーブルに利用されるRJ-45コネクタは8ピンタイプの形状

RJ-11（左）とRJ-45（右）の比較

両コネクタの大きさを比較すると、RJ-45の方が大きくなっている

図3-2　同軸ケーブル

LANケーブル以前はPCを接続する際にこの同軸ケーブルを使用していたが、現在では用いることはほとんどない

3-2 [物理層] 有線ケーブルの種類

> **ざっくりいうと**
> LANで使用するケーブルは「LANケーブル」か「光ファイバケーブル」
> LANケーブルは「STP」と「UTP」の2種類がある
> 光ファイバケーブルはLANケーブルよりも高速&長距離

　ネットワークを構築する場合、機器間でデータを転送するための伝送媒体*が必要になります。伝送媒体はケーブルのような有線のものだけでなく無線も含まれますが、ここでは有線での接続について学んでいきます。現在LAN内の通信では、主にツイストペアケーブルと光ファイバケーブルになります。

●ツイストペアケーブル

　「ツイストペアケーブル」は、銅線を2本ずつペアにより合わせ、4対8本で構成されているケーブルです。一般にはLANケーブルという名称で知られています。LANケーブルは1本のケーブルのように見えますが、中では2本ずつ4組、計8本の細いケーブルが合わさって構成されています（図3-3）。LANケーブルはシールド処理が施され、ノイズに強いSTP（Shielded Twisted Pair）と、シールド処理が施されていないUTP（Unshielded Twisted Pair）の2種類に分けられます。社内ネットワークや家庭内ネットワークではそこまでノイズの影響を受けないため、より安価なUTPのLANケーブルを用いるのが一般的です。

●光ファイバケーブル

　ツイストペアケーブルはデータが電気信号として流れていきますが、「光ファイバケーブル」はその名の通り、データを「光信号」として送信するケーブルになります。中心部のコアとその周囲を覆うクラッドによって構成され、コアとクラッドの屈折率の違いから、光信号はコアの中だけを通っていきます（図3-4）。光信号は電気信号と比べ信号の減衰が少ないため、長距離かつ高速・大容量の伝送が可能ですが、曲げに弱く、取り扱いに注意が必要という欠点もあります。主に通信量が多い社内ネットワークの中枢部分や、敷地内の本館と別館の接続、各階のフロア間の接続といった長距離間の接続に用いられています（図3-5）。

HINT *伝送媒体のことを「ネットワークメディア」ともいいます。

物理層とデータリンク層の役割●

図3-3　ツイストペアケーブル（LANケーブル）

ツイストペアケーブル

ツイストペアケーブルの内部

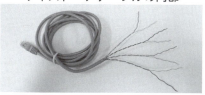

被膜の中は、2本ずつがより合わされた4対、計8本の細いケーブルで構成されている

図3-4　光ファイバケーブル

光ファイバケーブル

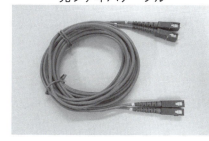

光ファイバケーブルの中身

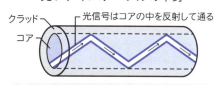

コアとクラッドは異なる材質でできているため、その屈折率の違いから、光信号はコアの中を反射して通っていく

図3-5　LANケーブルと光ファイバケーブルの使い分け

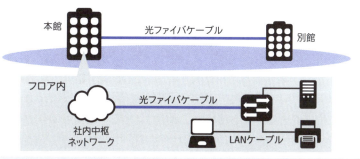

同一敷地内（同一LAN内）で距離が離れた地点同士を接続する際や、各機器の通信が集中するような部分では、高速・大容量の光ファイバケーブルを使用する。一方、個々のPC、サーバ・プリンタなどを接続する際はLANケーブルを利用する

83

[物理層] 3-3 ストレートケーブルとクロスケーブル

ざっくりいうと
LANケーブルには「ストレートケーブル」と「クロスケーブル」がある
機器のポートには「MDIポート」と「MDI-Xポート」がある
接続機器の組み合わせによってどちらのケーブルを使うかが決まる

●ストレートケーブルとクロスケーブル

　LANケーブルはストレートケーブルとクロスケーブルの2種類に分類することができます。ストレートケーブルはケーブル内の8本の銅線が平行に配線されているため、ケーブルの両端で同じピンの並びになっています。それに対してクロスケーブルは、8本の銅線の一部が交差して配線されているため、ケーブルの両端では異なるピンの並びになっています（図3-6）。

●MDIとMDI-X

　LANケーブルを接続する機器側のポートについても触れておきましょう。LANケーブル内の8本のケーブルが接続されるように、ポートの受け口も8ピンで構成されています。ポートの種類にはMDIとMDI-Xという2種類があり、通信を送信する位置と受信する位置がそれぞれあべこべの構造になっています。機器によってどちらのポートの種類なのかが決まっています（図3-7）＊。

●ストレートケーブルとクロスケーブルの使い分け

　2つの機器をLANケーブルでつなぐ場合、片方の機器の送信（または受信）と対向の機器の受信（または送信）が接続されていなければ通信はできません。例えばPCとスイッチを接続する場合は、PCがMDIポート、スイッチがMDI-Xポートですので、ストレートケーブルで問題なくそれぞれの送信と受信を接続できます。一方、PCとルータを接続する場合はどちらの機器もMDIポートですので、送信と受信がつながるようにクロスケーブルで接続します。このように、接続する機器によってストレートケーブルとクロスケーブルを使い分ける必要があります（図3-8）。異なる種類のポートを持つ機器をつなぐ場合はストレートケーブル、同じ種類のポートを持つ機器をつなぐ場合はクロスケーブルで接続します。

 ＊昨今は接続されたケーブルを自動的に判断し、送信と受信の位置を切り替えるAuto-MDI/MDI-X機能を備えた機器も増えています。この機能を備えているポートではストレートケーブルでもクロスケーブルでも、どちらでも通信が可能です。

図3-6 ストレートケーブルとクロスケーブル

ストレートケーブル

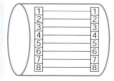

ストレートケーブルは内部の8本の銅線が平行に配線されているため、両端でピンの並びが同じ

クロスケーブル

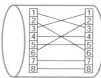

クロスケーブルは1番目と2番目のピンが、それぞれ反対側の3番目と6番目のピンにつながるようになっている

図3-7 MDIとMDI-X

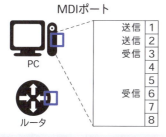

PCやルータはMDIポートで構成されている。8本のピンのうち、1番目と2番目を送信、3番目と6番目を受信に使用する

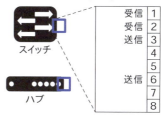

スイッチやハブはMDI-Xポートで構成されている。8本のピンのうち、1番目と2番目を受信、3番目と6番目を送信に使用する

図3-8 ストレートケーブルとクロスケーブルの使い分け

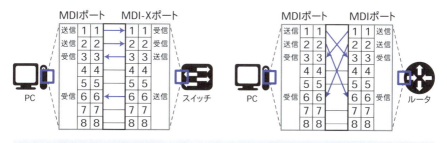

異なる種類のポートをつなぐ場合はストレートケーブルを、同じ種類同士を接続する場合は、クロスケーブルを用いる

3-4 [物理層] ネットワークトポロジの種類

ざっくりいうと
今のLANは「スター型」で構成するのが基本中の基本
「バス型」と「リング型」はもう使われないくらい古い
「メッシュ型」はLANでもWANでも使われる

「ネットワークトポロジ」とは、コンピュータやネットワーク機器の接続形態を表す言葉です。「全体像」や「構成の全体図」のように読み換えても良いでしょう。様々なトポロジがありますが、代表的なものは以下の4つになります。

●スター型

「スター型」は、中央に集線装置（ハブやスイッチなど）を配置し、各機器がその集線装置にLANケーブルや光ファイバケーブルで接続する接続形態です。現在最も広く用いられている形態になります（図3-9）。

●バス型とリング型

「バス型」は基幹となるバスと呼ばれる中心のケーブルに各機器を接続する接続形態です。バス型の接続をする場合は同軸ケーブルを使用します。

もう1つの「リング型」は各機器を円状に接続する接続形態です。ただし、LANケーブルの普及によりスター型の接続形態が一般的になったため、どちらも現在ではあまり使用されていません（図3-10）。

●メッシュ型

上記の3つは主に社内ネットワークや家庭内ネットワーク、つまりLAN内での接続形態を表す言葉です。それに対しこの「メッシュ型」は、LANの接続形態でもWANの接続形態でも使用されます。メッシュ（網）という名の通り、すべての機器間（WANなら拠点間）を直接接続する形態で、どこかで障害が発生しても迂回路となる経路が複数あるため、障害に強い構成になります。すべての機器もしくは拠点が直接接続している形態をフルメッシュ型といい、部分的にフルメッシュとなっている形態をパーシャル（部分）メッシュ型といいます（図3-11）。

物理層とデータリンク層の役割

図3-9　スター型

中央にハブやスイッチなどの集線装置を配置し、各機器はその集線装置に接続する形態。放射線状に広がって星形に見えるので「スター型」と呼ぶ

図3-10　バス型とリング型

●バス型

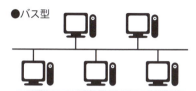

「バス」と呼ばれる中心のケーブルに各機器を接続する形態だが、同軸ケーブルを用いるため、現在ではほとんど利用されていない

●リング型

各機器を円状に接続する形態。導入コストが高く、LANケーブルの普及によりスター型の方が構築しやすくなったため、現在ではほとんど利用されていない

図3-11　メッシュ型

●フルメッシュ型（WAN）

WANでフルメッシュ型という場合*、すべての拠点間が直接通信できるようにWANのサービスを契約している状態を指す。障害に強いが、その分WANサービスの利用料金も高くなる

●パーシャルメッシュ型（WAN）

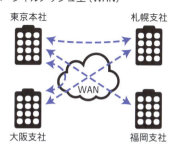

パーシャルメッシュ型は一部分だけがフルメッシュ型になっている形態。東京・大阪・札幌の3拠点で見ればフルメッシュ型だが、福岡を含めた4拠点で見ればフルメッシュではない

HINT　*LANでフルメッシュ型という場合は、ルータやスイッチなどの機器をすべて相互に接続する形態を指します。

3-5 [物理層] リピータハブの動作

- ハブはレイヤ1の機器に分類される
- ハブの役割は信号の波形を整えて送り出すこと
- MACアドレスを読み取れないので効率の悪い通信になる

●ネットワーク機器のレイヤによる分類

1-6で述べたように、ネットワーク機器にはハブ・スイッチ・ルータなどの機器があります。これらの機器は「通信を処理する仕組み」により、表3-1のように分類することができます。

ハブはレイヤ1の機器に分類されるリピータハブと、レイヤ2の機器に分類されるスイッチングハブに分けられます。現在市販されているハブの大半がスイッチングハブですので、私たちがリピータハブを使用することはあまりありませんが、ここではまずリピータハブの役割と動作について学んでいきます。

●リピータハブの役割と動作

リピータハブはレイヤ1に分類される機器で、主な役割は「電気信号の波形を整えて送り出すこと」です。距離が離れた2つの機器が1本のケーブルでつながっている場合、通信が届く際にはノイズの影響などにより電気信号が歪んだり、強弱が弱くなったりしてしまうことがありますが、リピータハブがあることで、形が崩れてしまった電気信号の波形を整え直して送り出してくれます（図3-12）。

次に、リピータハブで接続した際の通信の流れを見てみましょう。図3-13の構成で、PC-AからPC-Bへ通信がユニキャストで送信されたとします。表3-1にもあるように、リピータハブはアドレスを読み取ることができないため、やってきた通信がどの機器宛なのかを判断することができません。そのため、接続している機器全体へ通信を複製して送信します。

結果としてPC-Bに通信が届いているので、PC-AとPC-B間のやり取りには問題ありませんが、PC-C、PC-D、PC-Eには自分宛ではない不要な通信が届いてしまうため、ムダが多く効率の悪い通信をしてしまいます。このような理由から、リピータハブを使用することは少なくなっています。

物理層とデータリンク層の役割●

表3-1　ネットワーク機器のレイヤによる分類

レイヤ	機器	特徴
レイヤ1	リピータハブ	通信の電気信号を流すだけ（アドレスを読み取ることができない）
レイヤ2	スイッチ・スイッチングハブ	L2ヘッダの中に入っているMACアドレスに基づいて通信を転送する
レイヤ3	ルータ	L3ヘッダの中に入っているIPアドレスに基づいて通信を転送する

図3-12　リピータハブの役割

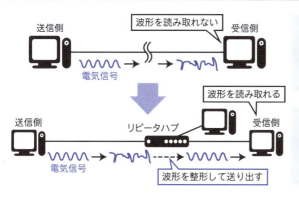

距離が離れた相手に通信を送信する場合、相手に届く際に波形が歪んでしまったり強弱が弱くなってしまったりして、受信側が読み取れないことがある

リピータハブを機器と機器の間に配置すれば、通信の波形を整形して送り出してくれるため、正常に通信を届けることができる

図3-13　リピータハブを使用した場合の通信

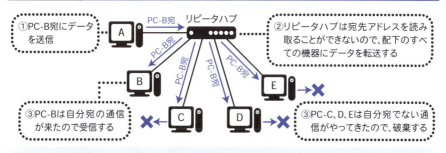

リピータハブはMACアドレスやIPアドレスを読み取ることができないため、不要な機器にまでデータが届いてしまい、通信が非効率的であるという欠点がある

［データリンク層］
データリンク層の概要

> **ざっくりいうと**
> LANで使用されるレイヤ2プロトコルはほとんどイーサネット
> MACアドレスやケーブルもイーサネットで定義されている
> 100Mbpsはファストイーサネット、1Gbpsはギガビットイーサネット

●データリンク層の概要

データリンク層は「同一ネットワーク内で直接接続された機器間の通信を担う層」です。ハブやスイッチは通信を中継するための機器ですので、ここでいう「直接接続された機器」とは、端末と端末や、端末とルータ間などを指します（図3-14）。

現在LANで最も使用されているレイヤ2のプロトコルはイーサネット（Ethernet）です。厳密には、イーサネットはTCP/IPモデルのネットワークインターフェイス層に該当しますが、OSI参照モデルではレイヤ2とレイヤ1の両方に該当します。

●イーサネット

イーサネットでは、MACアドレスを使った通信の仕組みやケーブルの種類・コネクタの形状なども定義しています。実はレイヤ1として紹介してきたケーブルの種類などは、すべてこのイーサネットで定義されています。イーサネット=MACアドレスを使って宛先を決めて通信を送るプロトコル=LANケーブルや光ファイバケーブルを使って通信を送るプロトコルと考えると良いでしょう。

●イーサネットの規格

イーサネットは、その急速な普及と技術の進歩により、様々な規格が策定されています。規格名を1つ1つすべて覚える必要はありませんが、この規格名には一定のルールがありますので、そのルールは覚えておきましょう（表3-2）。数字の部分で通信速度○Mbpsを表し、ハイフンの後ろでケーブルの種類を表しています。Tはツイストペアケーブルの略で、LANケーブルを表しています。

なお、技術の進歩とともに通信速度が高速化していったため、100Mbpsの規格をまとめてファストイーサネット、1000M（1G）bpsの規格をまとめてギガビットイーサネットとも呼びます。

物理層とデータリンク層の役割●

図3-14　データリンク層で担う通信

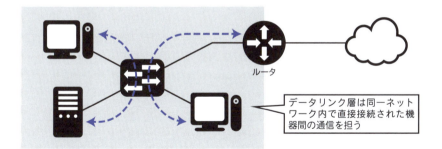

データリンク層は同一ネットワーク内で直接接続された機器間の通信を担う

データリンク層の通信では、MACアドレスを用いて送信元と宛先を判別する。なお「直接接続された機器間」とは、矢印のような端末同士や端末とルータなどの間を指す

表3-2　イーサネットの主な規格

規格	伝送速度	ケーブル	伝送距離
10BASE-2	10Mbps	同軸ケーブル	185メートル
10BASE-5	10Mbps	同軸ケーブル	500メートル
10BASE-T	10Mbps	UTP、STP	100メートル
100BASE-TX	100Mbps	UTP	100メートル
100BASE-FX	100Mbps	光ファイバ	2000メートル/20キロメートル
1000BASE-T/TX	1000M（1G）bps	UTP	100メートル
1000BASE-SX/LX	1000M（1G）bps	光ファイバ	550メートル/5000メートル
10GBASE-T	10Gbps	UTP	100メートル
10GBASE-SR/LR/ER/ZR	10Gbps	光ファイバ	300メートル/10キロメートル/40キロメートル/40キロメートル以上
10GBASE-SW/LW/EW	10Gbps	光ファイバ	300メートル/10キロメートル/40キロメートル

100BASE-TX

- 100　：通信の転送速度
- BASE：通信の伝送方式
- TX　：ケーブルの種類

100BASE-TXの場合、「100Mbpsの通信速度を出すことができるLANケーブル」を表す

ワンポイントアドバイス　100Mbpsの通信速度を出すことができる規格をファストイーサネット、1000M（1G）bpsの通信速度を出すことができる規格をギガビットイーサネットと呼ぶことも併せて覚えましょう。

［データリンク層］
MACアドレスの構造

> **ざっくりいうと**
> MACアドレスはNICに設定された変更できないアドレス
> 48ビットで構成され、12桁の16進数で表記する
> 前半24ビットはOUIと呼ばれ、製造元のベンダを表す

●NICに割り当てられているMACアドレス

　MACアドレスは2-6で触れた通り機器の「住所」の役割を果たしますが、実は機器そのものに設定されているのではなく、NIC（Network Interface Card）と呼ばれるインターフェイスの部分に割り当てられています（図3-15）。例えば1台のPCにLANケーブルのポートが複数あればそれぞれに固有のMACアドレスが割り当てられていますし、有線以外に無線のインターフェイスがあれば、有線のNICと無線のNICにそれぞれ異なるMACアドレスが割り当てられています。MACアドレスはNICが製造された段階で割り当てられる固有のアドレスで、基本的に私たちが変更することはできません。そのため、物理アドレスやハードウェアアドレスと呼ぶこともあります。

●MACアドレスの構造とOUIの役割

　MACアドレスは48ビット（6バイト）の2進数の値で構成されていますが、そのままでは長くて分かりづらいので、12桁の16進数で表記します。16進数の2桁ごとをハイフンもしくはコロンで区切る表記や、4桁ごとをドットで区切る表記など、いくつか表記方法はありますが、どれも意味しているものは同じです（図3-16）。
　MACアドレスはさらに前半の24ビット（3バイト）のOUI（Organizationally Unique Identifier）と、後半の24ビット（3バイト）に役割が分かれています。OUIはNICを製造しているベンダを識別している値です。例えば「C4-7D-4F」という値はCisco社だけに割り当てられているため、他のベンダは使用することができません。そのため、MACアドレスの前半部分を調べればNICの製造元のベンダを確認することができます。また、OUIをベンダコードと呼ぶこともあります（図3-17）。

物理層とデータリンク層の役割●

図3-15 NIC（Network Interface Card）

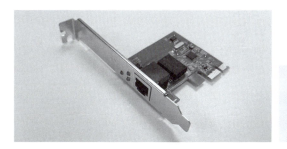

MACアドレスは機器本体ではなく、NICに設定されている住所になる。そのため、複数のポートがある場合、その数だけMACアドレスが設定されている

図3-16 MACアドレスの構造

MACアドレスの正体はこのように2進数48ビットの値でできている

11000100011110101001111101011011011000101011

8ビット（16進数では2桁）で区切ったひとかたまりを、バイト以外にオクテットとも呼ぶ

C4-7D-4F-AD-B6-2B
C4:7D:4F:AD:B6:2B
C47D.4FAD.B62B

2進数の表記では長くて分かりづらいため、通常は16進数で表記する（16進数で表記をすることで12桁での表記になる）

16進数の2桁ごと-（ハイフン）区切り、16進数の2桁ごと:（コロン）区切り、16進数の4桁ごと.（ドット）区切りのように、様々な表記方法があるが、どれも同じMACアドレスを表す

図3-17 OUIの役割

C4-7D-4F-AD-B6-2B

OUI 　ベンダによって割り当てられた固有の値

OUIはNICを製造しているベンダの識別コードを表す。OUIを調べることで、そのNICを製造している製造元の会社が分かる

後半の24ビット（3バイト）は製造元のベンダによって割り当てられている固有の値。製造した機器に対して重複しない値をベンダが割り当てている

上の例の「C4-7D-4F」はCisco社に割り当てられているOUIで、他のベンダの製品に用いられていることはない。さらにCisco社によって「AD-B6-2B」という固有の値が1つのNICに割り当てられている。これにより、MACアドレスは世界中で重複することのないものとなる

93

実際に体験してみよう！

MACアドレスから
NICの製造元を確認してみよう！

　MACアドレスの前半6桁部分のOUIから、自分のPCのNICを製造しているベンダを調べてみましょう。

■STEP 1．自身のPCのMACアドレスを調べる
【Windowsの場合】
　コマンドプロンプトを立ち上げ（起動方法はP.39参照）、MACアドレスを調べます。
　最初に「ipconfig /all」コマンドを実行し、有線ケーブルを利用している場合は「イーサネット アダプター イーサネット：」と書かれている欄を、無線を利用している場合は「Wireless LAN adapter Wi-Fi:」の欄を確認します。「物理アドレス」に表示されている値がMACアドレスになります。

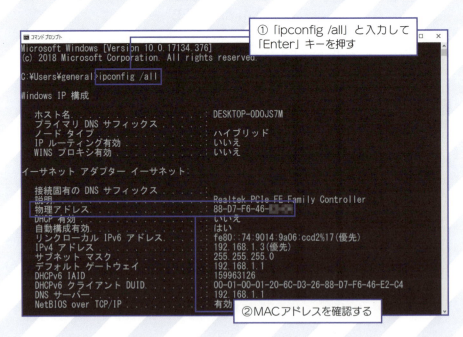

【Macの場合】

ターミナルを立ち上げ（起動方法はP.40参照）、「ifconfig」コマンドを実行し、「en<数字>」と書かれている欄を確認します。「ether」に表示されている値がMACアドレスになります。

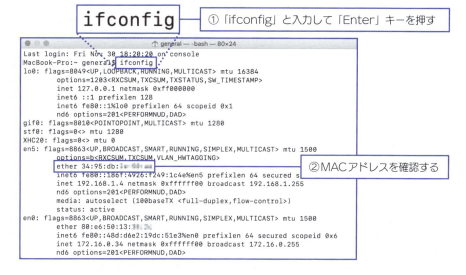

■STEP 2. MACアドレス検索サイトにアクセスする

下記のサイトにアクセスし、ページ内にある「MACアドレスを入力してください」欄に、STEP 1で確認したMACアドレスの前半6桁を入力します。検索を実行すると、NICの製造元であるベンダが画面下部に表示されます*。

MACアドレス検索：https://uic.jp/mac/

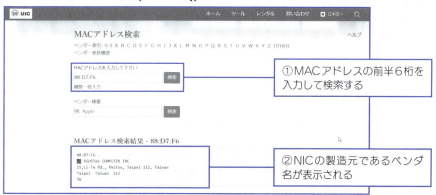

*NICというPCの1つの部品の製造元を表示するため、PC本体を製造しているメーカーとは異なる場合があります。

[データリンク層] フレームのフォーマット

> **ざっくりいうと**
> レイヤ2のヘッダは宛先MACアドレス・送信元MACアドレス・タイプの3つの情報で構成されている
> 「タイプ」はレイヤ3で使用しているプロトコルを示す目印の役割

●フレームのフォーマット

2-10でも述べましたが、レイヤ2の段階のPDUをフレームと呼びます。フレームのフォーマットは、具体的にはレイヤ3から渡されたデータ（ペイロード）に対し、レイヤ2でレイヤ2のヘッダとトレーラを付けたひとかたまりのデータ（PDU）です。

社内ネットワークでは、主にLANケーブルや光ファイバケーブルを用いてネットワークを構築しますので、レイヤ2で用いられるプロトコルはイーサネットです。そのため、レイヤ2ヘッダのことをイーサネットヘッダと呼ぶこともあります。

レイヤ2ヘッダは3つのフィールドで構成されており、それぞれ宛先MACアドレス・送信元MACアドレス・タイプの3つの情報が格納されています（図3-18）。通信は基本的に双方向でのやり取りで完結することが多いため、送信元と宛先のMACアドレスが両方ともヘッダの中に格納されています。

●タイプの役割

タイプには、上の層（ネットワーク層）で使用しているプロトコルを識別する数値（IPなら0x0800など）が格納されています。

現在通信で使用されているレイヤ3のプロトコルは主にIP（正確にはIPv4）ですが、実は他にもIPv6やIPX*といったプロトコルも存在します。プロトコルが異なれば、当然使用しているアドレスの構造や長さも異なりますので、処理する仕組みも異なります。

具体的には、通信の受信側による非カプセル化の流れの際に、レイヤ2でレイヤ2ヘッダとトレーラを外し、レイヤ3に渡します。そのときにどのレイヤ3のプロトコルとして処理してもらうのかを示す目印となる値がタイプになります（図3-19）。

 *IPv6については4時間目に解説します。IPXは現在ではほとんど用いられることがないので詳細を覚える必要はありませんが、レイヤ3のプロトコルには様々なものがあるということは押さえておきましょう。

図3-18 フレームのフォーマット

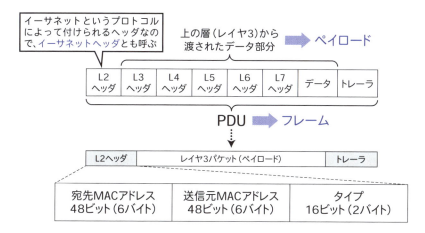

フィールド	説明
宛先MACアドレス	通信する宛先のMACアドレスが格納されている
送信元MACアドレス	通信する送信元のMACアドレスが格納されている
タイプ	レイヤ3のプロトコルを表す値（IP:0x0800、IPv6:0x86DDなど）が格納されている

図3-19 タイプの役割

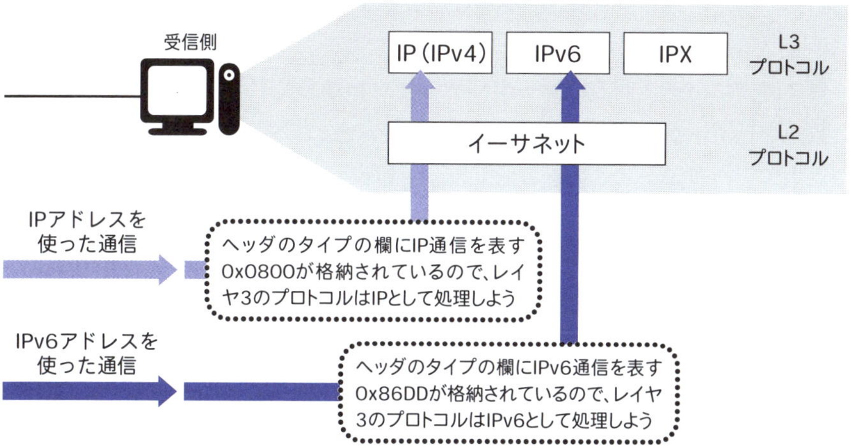

3-9 [データリンク層] トレーラによる通信のエラーチェック

> **ざっくりいうと**
> トレーラ部分には「FCS」と呼ばれる情報が格納されている
> トレーラの役割は通信が壊れていないかのエラーチェック
> CRC計算によって受信側が正しい通信かの答え合わせをしている

●トレーラの役割

　レイヤ2では他のレイヤとは異なり、ヘッダだけでなくデータの末尾部分に「トレーラ」を付加しています。このトレーラ部分はFCS（Frame Check Sequence）＊と呼ばれる1つのフィールドで構成されており、通信のエラーチェックを行う役割を果たします（図3-20）。エラーチェックとは、やってきた通信が壊れていないか・そもそも送信側が送ってきた通信と同じものなのかをチェックする仕組みです。

　エラーチェックの仕組みにはCRC（Cyclic Redundancy Check）という計算方式が用いられていますが、その正確な計算方式まで覚える必要はありません。ここではエラーチェックがどのように行われているのかをイメージで説明します。

　もしトレーラが通信の末尾に付いていなかったら、受信側に通信が届く前に何かしらの原因によって信号の波長が変わってしまったとしても、受信側ではデータが正しいかどうかを判断することができません（図3-21）。そこでトレーラの出番です。トレーラは通信の中身が正しいかどうかの答え合わせを行う値を格納していると考えると分かりやすいでしょう。

　具体的には、送信側ではデータ部分のビットからCRC計算を行い、求められた数値をトレーラ部分に格納して送信します。そして受信側も同様に、受け取った通信のデータ部分のビットからCRC計算を行います。途中でデータの波長が変わって受信側に届いた場合、計算結果とトレーラに格納されている値は一致しないため、誤った通信が届いたと判断して破棄します。送信側と全く同じデータが届いていた場合は、計算結果とトレーラに格納されている値は当然同じになりますので、「正しい通信」と判断して受信します（図3-22）。このように、受信側はトレーラの値を用いて通信が壊れていないか・正しいかどうかのエラーチェックを行っているのです。

HINT　＊FCSとは「フレームをチェックする部分・位置」という意味です。そのFCSの中に、CRC方式で計算された数値が格納されています。

図3-20 トレーラのフォーマット

図3-21 もしトレーラの仕組みがなかったら?

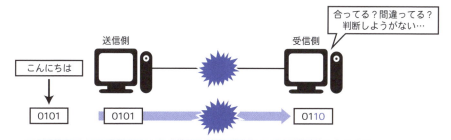

もしトレーラの仕組みがなかったら、受信側は受け取った通信が送信側が送った通信と同じものなのか、障害などによって途中で波長が変わってしまったのかなどを判断することができない

図3-22 トレーラによるエラーチェックのイメージ

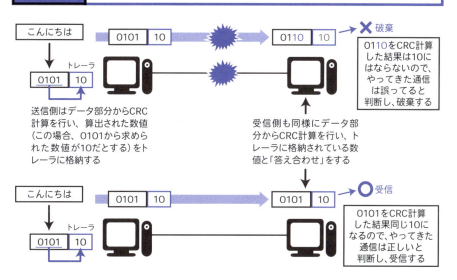

［データリンク層］
3-10 スイッチ・スイッチングハブの動作

> **ざっくりいうと**
> スイッチとスイッチングハブはレイヤ2の機器に分類される
> MACアドレスを読み取り宛先にピンポイントに送信できる
> 一般的にスイッチの方がスイッチングハブよりも高機能な機器

●スイッチとスイッチングハブの役割と違い

　3-5で見たように、スイッチとスイッチングハブはレイヤ2の機器に分類されます。レイヤ2の機器はレイヤ2ヘッダ内の宛先MACアドレスを読み取り、送り先を判別して、その宛先だけにピンポイントで送ることができます。また、スイッチやスイッチングハブはリピータハブの役割である「電気信号の波形を整えて送り出す」ということもできますので、「リピータハブの機能に加えて、さらにレイヤ2アドレスを読み取って通信を転送すること」ができる機器です。

　スイッチングハブは、もともとはスイッチの機能だった「MACアドレスを読み取って通信を送り出す」という機能を備えたハブですので、リピータハブの仲間の機器になります。それに対して、スイッチは業務用に必要な機能を多く備えている、より高機能な機器といえます＊（表3-3）。

●スイッチ・スイッチングハブの通信の流れ

　3-5でも触れた通り、リピータハブは宛先アドレスを読み取ることができないため、通信がどの機器宛なのかを判断することができず、接続している機器全体へ通信を複製して送信します。そのため、通信を届ける必要のない機器にまで通信が届いてしまうので、効率の悪い通信をしてしまいます。

　それに対してスイッチやスイッチングハブは、レイヤ2ヘッダ内の宛先MACアドレスを読み取ることができ、通信を送る機器を判断できます。通信を送る機器だけにピンポイントで送信できますので、リピータハブより効率の良い通信が可能です（図3-23）。2-6でも紹介した通り、この仕組みをフィルタリングといいますが、フィルタリングの際は、スイッチやスイッチングハブが作成するMACアドレステーブルの役割が重要になります。MACアドレステーブルについては6時間目に解説します。

 ＊スイッチの機能には、本書では取り上げませんがVLANやSTPなどがあります。ただし、スイッチングハブにもこれらの機能を備えた機器が数多く発売されていますので、昨今はスイッチとスイッチングハブの明確な区別はなくなってきています。

表3-3 リピータハブ・スイッチングハブ・スイッチの区分

機器	分類	説明
リピータハブ	レイヤ1	通信の電気信号を流すだけ（アドレスを読み取ることができない）
スイッチングハブ	レイヤ2	MACアドレスを読み取って通信を送り出すというスイッチのもともとの機能を備えたハブ。どちらかというと小規模ネットワーク・家庭用などで使用するものが多い
スイッチ	レイヤ2	スイッチングハブよりもさらに業務用に必要な様々な機能を持っている。大規模ネットワークに対応したものが多い

図3-23 スイッチ・スイッチングハブの動作

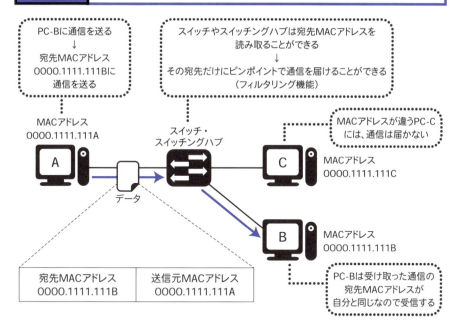

 ワンポイントアドバイス リピータハブは通信を届ける必要のない機器にまで通信が届いてしまいますので、ムダの多い効率の悪い通信をしてしまいます（3-5参照）。それに対してスイッチやスイッチングハブは、通信を届ける相手機器にだけにピンポイントで届けることができますので、ムダのない効率の良い通信を行うことができます。この仕組みをフィルタリングといいます。

[データリンク層]
3-11 全二重・半二重通信と通信のコリジョン

> ざっくりいうと
> 全二重通信は「2車線道路」なので通信の送受信が同時に可能
> 半二重通信は「1車線道路」なので通信の送受信が同時にできない
> 通信が正面衝突することを「コリジョン」と呼ぶ

●全二重通信と半二重通信

　通信方式には全二重通信と半二重通信があります。全二重通信は通信の送信と受信を同時に行うことができる通信方式です。それに対して半二重通信は、送信している間は送信だけ、受信している間は受信だけしかできず、通信の送信と受信を同時に行えない通信方式です。全二重通信が2車線道路、半二重通信が1車線しかない道路と考えると分かりやすいですね（図3-24）。送受信を同時に行うことができる全二重通信の方が、半二重通信よりも効率の良い通信ができます。

　通信を行う機器やケーブルは、それぞれ全二重通信が可能なのか、半二重通信しかできないのかが決まっています（表3-4）。例えばLANケーブルは、中の8本のケーブルのうち送信と受信に使うケーブルがそれぞれ分かれているため、全二重通信が可能です。しかしリピータハブと接続する場合は、リピータハブ自身が半二重通信にしか対応していないので、たとえLANケーブルを接続したとしても半二重通信しかできません。そういった理由からも、最近ではリピータハブではなく、スイッチやスイッチングハブを用いることが多くなっています。

●通信のコリジョン

　半二重通信を行う構成の場合、通信を送信している最中に相手からも通信が送信されるとどうなってしまうでしょうか。1車線道路で双方向から車がやってくると正面衝突してしまうのと同じで、通信も電気信号同士がぶつかり合い、波長が壊れてしまいます。波長が壊れると、もちろん相手には通信が届きません。

　このように、半二重通信時に通信データがぶつかり合ってしまうことをコリジョン（衝突）といいます（図3-25）。コリジョンが起こってしまうと相手に通信が届かず、再度相手に通信を送らなくてはいけないため、2度手間になってしまい、効率が悪くなってしまいます。

図3-24　全二重通信と半二重通信

●全二重通信のイメージ

送信と受信を同時にできる

全二重通信は2車線道路のイメージ。データを送信しながら受信も同時に行うことができる

●半二重通信のイメージ

送信と受信が同時にできない

半二重通信は1車線道路のイメージ。1車線しかないので、データを送信しながら同時に受信することはない

表3-4　機器・ケーブルによる全二重通信と半二重通信の分類

	機器	ケーブル
全二重通信	スイッチングハブ スイッチ ルータ	LANケーブル 光ファイバケーブル
半二重通信	リピータハブ	同軸ケーブル

図3-25　通信のコリジョン（衝突）

半二重通信を行う構成の場合、通信が双方向から送られてくるとコリジョンが発生してしまう。コリジョンが発生すると通信が相手に届かない

リピータハブは半二重通信のためコリジョンが発生する

スイッチやスイッチングハブは全二重通信のためコリジョンが発生しない

3-12 [データリンク層] CSMA/CDによるコリジョン回避

> **ざっくりいうと**
> CSMA/CDはコリジョンの発生回数を減らす仕組み
> ①通信が行われていないか確認し②行われていなければ送信
> ③もしコリジョンが発生したらタイミングをずらして再送する

コリジョンが発生してしまうと通信が壊れてしまうので、コリジョンはなるべく起こらない方が良いに越したことはありません。そのため、半二重通信時にはCSMA/CDという制御方式を用いて、コリジョンの発生を減らす（制御する）工夫がされています。このCSMA/CD方式は、3つの手順によって成り立っています。

● CS

半二重通信では、双方が同時に通信を送ってしまうとコリジョンが発生します。それを避けるために、通信を送信する前にまず他の機器が通信を行っていないかを確認し、もし通信が行われている場合は自機器からは送信せず、その通信が終わるまで待機します（図3-26）。これがCS（Carrier Sense）です。

● MA

CSの動作によって他の機器からの通信が終わったことが確認できたら、自機器から通信を送信してもコリジョンは起こらないはずです。そのタイミングを見計らって通信を開始します（図3-27）。これがMA（Multiple Access）です。

● CD

CSとMAの動作によってコリジョンの発生を少なくできますが、ゼロにすることはできません。複数の機器が同じタイミングで通信を行っている機器がいないと判断し、同時に通信を送ってしまうことがあるからです。コリジョンが発生すると通信が壊れてしまいますので、再度送信する必要があります。コリジョンを検出すると、各機器がランダムな待ち時間を算出し、その時間が経ってから通信を再送します。これがCD（Collision Detection）です。再送のタイミングをずらすことで、次の通信でのコリジョンを回避しているのです（図3-28）。

物理層とデータリンク層の役割

図3-26　CS（Carrier Sense）

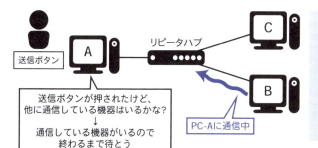

人の手によって送信ボタンなどが押されたとしてもPCはすぐ送信するのではなく、まず他の機器が通信している最中なのかどうかを確認する。
通信している機器がいれば、その通信が終わるまで待機する

図3-27　MA（Multiple Access）

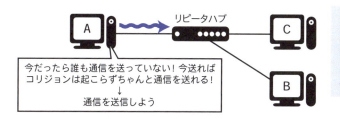

他の機器の通信が終わったのが確認できたら、自身が通信を送信してもコリジョンは発生しないはずなので、通信の送信を開始する

図3-28　CD（Collision Detection）

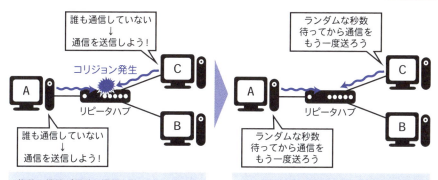

複数の機器が同時に通信を送ってもいいと判断して送信を開始した場合、コリジョンが発生してしまう

コリジョンを検出した場合は、それぞれの機器がランダムな秒数待機してから通信を再度送信する。それぞれがランダムな秒数を算出し、タイミングをずらすことで次の通信でコリジョンを起こらないようにしている

3-13 [データリンク層] コリジョンドメインとブロードキャストドメイン

> **ざっくりいうと**
> コリジョンドメインはコリジョンが発生し得る範囲
> ブロードキャストドメインはブロードキャストが届く範囲
> 機器によって分割する・分割しないが異なる

●コリジョンドメインとブロードキャストドメイン

コリジョンが発生し得る範囲（ドメイン）を**コリジョンドメイン**といいます。また、同じように範囲を表す言葉として、**ブロードキャストドメイン**というものがあります。ブロードキャストドメインはブロードキャスト通信が届く範囲を指します。2-12で学習したように、ブロードキャストは同じネットワーク全体へと送る通信方法ですので、ルータによって分割された1つのネットワークの範囲とブロードキャストドメインは同じになります。

●機器ごとに異なるドメインの分割

リピータハブは半二重通信しかできない機器ですので、接続されている機器すべてを1つのコリジョンドメインの中に含みます。そのため、**コリジョンドメインは分割しません**。また、ネットワークを分割せずブロードキャストを別のポートへと送信しますので、**ブロードキャストドメインも分割しません**（図3-29）。

スイッチやスイッチングハブは全二重通信を行うことができますが、接続する機器が半二重通信しかできない場合は、相手機器に合わせて半二重通信になることもあります。ただ、スイッチ内部での通信は常に全二重通信になるため、コリジョンは発生しません。その結果、**ポートごとにコリジョンドメインを分割します**。スイッチやスイッチングハブもネットワークを分割せず、ブロードキャストを別のポートへと送信しますので、**ブロードキャストドメインは分割しません**（図3-30）。

ルータはスイッチやスイッチングハブと同様に全二重通信を行うことができますので、**ポートごとにコリジョンドメインを分割します**。また、ルータはネットワークを分割する機器です。ブロードキャストはネットワークを越えた先には届きませんので、ルータによってせき止められます。そのためルータは**ブロードキャストドメインも分割することができます**（図3-31）。

物理層とデータリンク層の役割●

図3-29 リピータハブのコリジョンドメインとブロードキャストドメイン

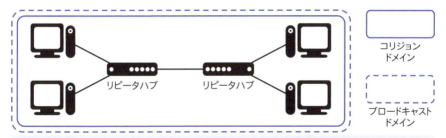

リピータハブはコリジョンドメインもブロードキャストドメインも分割しない。この構成ではコリジョンドメイン1つ、ブロードキャストドメイン1つになる

図3-30 スイッチ・スイッチングハブのコリジョンドメインとブロードキャストドメイン

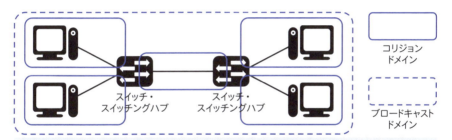

スイッチやスイッチングハブはポートごとにコリジョンドメインを分割するが、ブロードキャストドメインは分割しない。この構成ではコリジョンドメイン5つ、ブロードキャストドメイン1つになる

図3-31 ルータのコリジョンドメインとブロードキャストドメイン

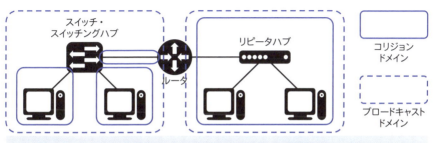

ルータはコリジョンドメインもブロードキャストドメインも分割する。この構成ではコリジョンドメイン4つ、ブロードキャストドメイン2つになる

3-14 [データリンク層] スイッチによるフレームの転送方式

> **ざっくりいうと**
> カットスルーは転送が早いが壊れた通信も送ってしまう
> ストアアンドフォワードは転送が遅いがエラーチェックできる
> フラグメントフリーはその中間に位置する

　スイッチに送られる通信は電気信号の波長でやってくるため、先頭のヘッダ部分を受信し始めてから末尾のトレーラ部分を受信し終わるまで、少なからず時間差があります。このとき、やってきた通信のどの部分までを読み込んでから次へと送り出し始めるか、そのタイミングの違いによって次の3つの転送方式があります。

●カットスルー方式

　通信の宛先MACアドレスが分かれば、次に送る相手先が分かります。カットスルー方式は、先頭6バイト部分の宛先MACアドレスを読み込んだらすぐに通信を次へと送る方式です。通信の末尾まで全部受信しきる前から同時に次へと送り出していくので、遅延の少ない高速な転送が可能です。一方で、宛先MACアドレスより後ろの部分をチェックしないので、コリジョンによって壊れた通信すらも送ってしまうため、信頼性が低いという欠点があります（図3-32）。

●フラグメントフリー方式

　フラグメントフリー方式は、先頭64バイトまでを受信したら次へと送る方式です。64バイトはフレームの最小サイズで、イーサネットではそれ以上のサイズの通信はコリジョンが発生していない通信と判断します。この方式では、コリジョンが発生した通信はスイッチで破棄できるようになっています（図3-33）。

●ストアアンドフォワード方式

　ストアアンドフォワード方式は、通信のトレーラ部分まで受信しきってから次へと送る方式です。転送速度は遅くなりますが、トレーラ部分まで受信することにより、スイッチ上で一度エラーチェックを行うことができます。正常な通信だけを送り出せるので、信頼性の高い転送が可能です＊（図3-34）。

 ＊最近のスイッチは高性能なので、ストアアンドフォワード方式は他の2つよりも転送速度が遅いといえども、非常に高速な転送が可能です。よって、多くのスイッチはストアアンドフォワード方式を採用しています。

図3-32 カットスルー方式

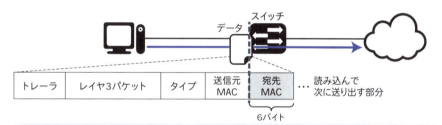

通信の宛先MACアドレスの部分（先頭6バイト）まで受信してしまえばスイッチは次に送り出していく相手先が分かるため、同時進行ですぐさま次へと送り出していく方式。遅延が少なく高速な転送が可能だが、宛先MACアドレスより後ろの部分が壊れたデータも送ってしまい、信頼性が低いという欠点がある

図3-33 フラグメントフリー方式

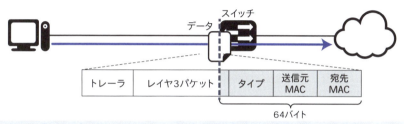

レイヤ3パケットの途中部分（先頭64バイト）まで受信してから送り出していく方式。
64バイトという長さは正常なフレームの最小サイズ。正常なフレームの形を成しているか・コリジョンによって発生した通信ではないかまで判断してから次へと送り出す

図3-34 ストアアンドフォワード方式

通信のトレーラ部分までスイッチが一旦すべて受信しきってから次へと送り出していく方式。
一旦スイッチの中で通信がとどまる形になるので転送速度は遅くなるが、スイッチで一度トレーラによるエラーチェックを行うことができる。通信が壊れている場合はスイッチで破棄できるので、信頼性の高い通信が可能。Cisco社のスイッチの多くはこの方式を採用している

問題に挑戦してみよう!

【問題】

Q1 以下の両機器間をLANケーブルで接続する際に、ストレートケーブルかクロスケーブルのどちらで接続すれば良いでしょうか。

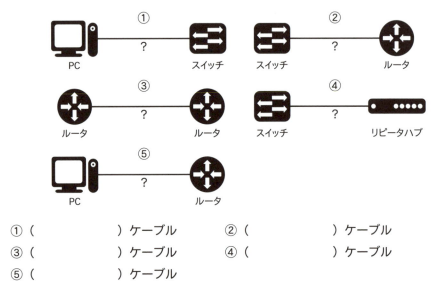

① (　　　　　　　　) ケーブル　　② (　　　　　　　　) ケーブル
③ (　　　　　　　　) ケーブル　　④ (　　　　　　　　) ケーブル
⑤ (　　　　　　　　) ケーブル

Q2 以下の文章の ( ) に入る適切な用語を記入してください。

　PCなどの複数の機器を接続することができるネットワーク機器には、レイヤ1に分類される (①) と、レイヤ2に分類される (②) や (③) があります。レイヤ1の機器とレイヤ2の機器は、通信のヘッダに格納されている (④) を読み取ることができるかどうかで分類されます。(②) よりも (③) の方が業務用に必要な機能を多く備えた、より高機能な機器になります。

① (　　　　　　　　　　) 　　② (　　　　　　　　　　　　　)
③ (　　　　　　　　　　) 　　④ (　　　　　　　　　　　　　)

物理層とデータリンク層の役割

Q3 フレームのヘッダとトレーラのフォーマットに入る情報の名称とバイト数を記入し、ヘッダを完成させてください。

(　　　) アドレス	(　　　) アドレス	(　　　)	データ	(　　　)
(　　　) バイト	(　　　) バイト	(　　　) バイト		(　　　) バイト

Q4 MACアドレスについて述べている以下の文章の（　）内に入る適切な用語を記入してください。

MACアドレスは（ ① ）ビットで構成されており、（ ② ）進数で表記します。前半の（ ③ ）ビットの部分は（ ④ ）と呼ばれ、ベンダごとに重複することのない一意の値が割り当てられています。

① (　　　　　　　　　)　　② (　　　　　　　　　)
③ (　　　　　　　　　)　　④ (　　　　　　　　　)

Q5 各機器を以下の図のように接続している場合、コリジョンドメインとブロードキャストドメインはそれぞれいくつずつあるでしょうか。

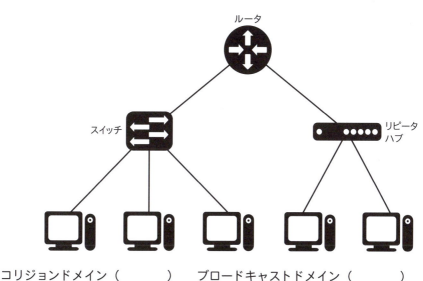

コリジョンドメイン（　　　）　　ブロードキャストドメイン（　　　）

データリンク層に該当する機能や用語、機器の名称を以下の中からすべて選択してください。

- A. CSMA/CD
- B. リピータハブ
- C. パケット
- D. MACアドレス
- E. スイッチ
- F. フレーム
- G. IPアドレス
- H. イーサネット

CSMA/CDの動作について正しく述べられている説明を以下の中から2つ選択してください。

- A. コリジョンが発生した場合はあらかじめ決められた一定の待ち時間が経過した後で通信を送信する。
- B. コリジョンが発生した場合はランダムに算出された待ち時間が経過した後で通信を送信する。
- C. 他の機器によって通信が行われている間はその通信が終わるまで自機器からは通信を送信せずに待機する。
- D. CSMA/CDの機能によって全二重通信と同様にコリジョンの発生しない通信を行うことができる。

物理層とデータリンク層の役割

【解答・解説】

①ストレート　　②ストレート　　③クロス
④クロス　　　　⑤クロス

　一般的なPCやルータのポートはMDIポート、スイッチやハブ（リピータハブとスイッチングハブの両方）のポートはMDI-Xポートとなっています。片方の機器の送信側ともう一方の機器の受信側が接続されないと通信はできませんので、同じ種類のポートを持つ機器同士を接続する場合はLANケーブルの中の8本の線が交差しているクロスケーブルを使用します。また、異なるポートを持つ機器同士を接続する場合は平行に伸びたストレートケーブルを使用します。　➡ 3-3

①リピータハブ　　②スイッチングハブ　　③スイッチ
④MACアドレス

　リピータハブは受け取った通信の電気信号の波形を整えて送り出すという動作をするだけで、通信のヘッダに格納されているMACアドレスを読み取ることができません。それに対しスイッチやスイッチングハブは、MACアドレスを読み取り宛先機器にのみ通信を送ることができます。スイッチの方がスイッチングハブよりも多くの機能を備えた、より高機能な機器になります。　➡ 3-5

（ 宛先MAC ）アドレス （ 6 ）バイト	(送信元MAC)アドレス （ 6 ）バイト	（ タイプ ） （ 2 ）バイト	データ	（ FCS ） （ 4 ）バイト

　フレームのヘッダ内には宛先と送信元MACアドレスと、ネットワーク層のプロトコルを示すタイプの情報が含まれています。また、フレームには末尾の部分にトレーラも付加されています。トレーラ内にはフレームが壊れていないかどうかのエラーチェックを行うFCSの情報が含まれています。　➡ 3-8、3-9

①48　　②16　　③24　　④OUI（もしくはベンダコード）

　MACアドレスは全48ビット（6バイト）で構成されており、16進数で表記されるため長さが1/4になり12桁で表記されます。前半の24ビット（3バイト）

までの部分はOUIもしくはベンダコードと呼ばれており、NICの製造元であるベンダごとに固有の値が割り当てられています。　　　　　　　　　　　　→ 3-7

※この問題ではビット数で問われていますが、バイト数で問われても答えられるようにしましょう。

Q5

コリジョンドメイン…5　　ブロードキャストドメイン…2

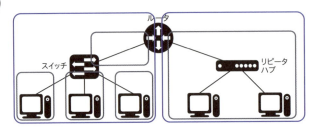

　コリジョンドメインはコリジョンの発生する範囲を指し、スイッチやルータはポートごとにコリジョンドメインを分割します。それに対してブロードキャストドメインはブロードキャストが届く範囲を指します。ブロードキャストは同じネットワーク内全体に通信を送信する方式ですので、ネットワークを分割するルータによってブロードキャストドメインは分割されます。　　→ 3-13

Q6

　A、D、E、F、H

各選択肢の機能や名称のレイヤごとの分類は以下のようになっています。
レイヤ1（物理層）…B. リピータハブ
レイヤ2（データリンク層）…A. CSMA/CD　D. MACアドレス
　　　　　　　　　　　　　E. スイッチ　F. フレーム　H. イーサネット
レイヤ3（ネットワーク層）…C. パケット　G. IPアドレス　→ 3-6〜3-12

Q7

　B、C

　CSMA/CDは半二重通信時におけるコリジョンの発生を抑えるための仕組みです。半二重通信では複数の機器が同時に通信することはできないため、他の機器が通信を行っている間は自機器から通信を送信しません。またコリジョンが発生した場合はランダムに算出された時間分待機し、他の機器との通信のタイミングをずらすという動きをします。　　　　　　　　　　　　　　　　→ 3-12

4時間目

ネットワーク層の役割とIPアドレスの仕組み

この章の主な学習内容

ネットワーク層
IPというプロトコルの特徴やルータの動作について理解しましょう。

IPアドレス
IPアドレスの構造や特徴、計算方法などについて理解しましょう。

ネットワーク層のプロトコル
ARPによるアドレス解決や、ICMPを使ったpingとtracerouteコマンドについて理解しましょう。

［ネットワーク層］
ネットワーク層の概要

> **ざっくりいうと**
> ネットワーク層で使用されるプロトコルはほぼIPのみ
> IPv4とIPv6の2つのバージョンがあるが、今はまだIPv4が主流
> IPアドレスというコンピュータの住所を使って通信する

●ネットワーク層の概要

　ネットワーク層は「複数のネットワークをまたがったエンドツーエンドの機器間の通信を担う層」です。レイヤ2ではイーサネットというプロトコルを使って通信を行っていたのと同様に、現在レイヤ3では一般的にIPというプロトコルを用いて通信を行います（図4-1）。3-8でも述べましたが、レイヤ3のプロトコルにはIP以外にもIPXやAppleTalkなどのプロトコルも存在しますが、これらのプロトコルは現在ではほとんど使用されることはありません。

●IPのバージョン

　IPにはいくつかのバージョンがありますが、現在最も広く利用されているバージョンはバージョン4になります。そしてもう1つ重要なバージョンが、現在進行形で普及が拡大しているバージョン6です。どちらも大きな枠組みではIPというプロトコルに分類されますが、これらのプロトコルを分けてバージョン4のIPをIPv4、バージョン6のIPをIPv6と表記することもあります。本書では特に断りがない限り、IPv4をIP、IPv6はそのままIPv6と表記します。

　IPでは、IPアドレスというコンピュータの住所を使った通信の方法を定義しています。IPv4とIPv6では使用しているアドレスの構造や長さが異なるため、それぞれのバージョンのアドレスをIPv4アドレス、IPv6アドレスと区別しています。これも同様に、特に断りがない限りIPv4アドレスをIPアドレス、IPv6アドレスはそのままIPv6アドレスと表記します。

　IPのバージョンが分かれた理由ですが、IPv4が策定された当時はこれほどまでIPを使った通信ネットワークが普及するとは考えられていなかったため、アドレスの数が不足するなどの問題が起こってしまいました。そのため、アドレスの不足を解消するなどの目的で、新たなIPプロトコルとしてIPv6が策定されました。

図 4-1　IPとイーサネットの2つのプロトコルを使った通信

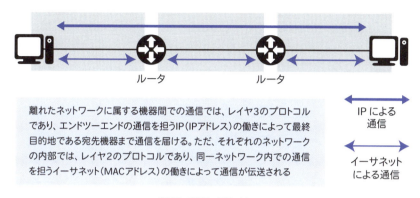

離れたネットワークに属する機器間での通信では、レイヤ3のプロトコルであり、エンドツーエンドの通信を担うIP（IPアドレス）の働きによって最終目的地である宛先機器まで通信を届ける。ただ、それぞれのネットワークの内部では、レイヤ2のプロトコルであり、同一ネットワーク内での通信を担うイーサネット（MACアドレス）の働きによって通信が伝送される

身近な移動に例えると…

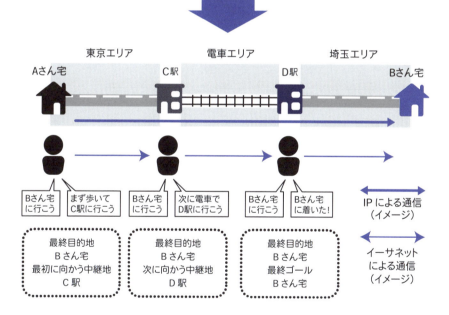

東京のAさんが埼玉のBさん宅へ向かう場合、当然ながら最終目的地は常にBさん宅だが、その道中で向かうべき中継地は現在いる場所によって変わる。「Aさん宅からBさん宅に行く」といった、最初のスタート地点から最終ゴール地点までを進んでいくのと同じ役割をするのがレイヤ3のプロトコル（IP）。一方、「最終目的地はBさん宅だけど、まずは東京エリアの端であるC駅に行こう」といった、1つ1つのエリア内でのスタート地点からゴール地点までを進んでいくのと同じ役割をするのがレイヤ2のプロトコル（イーサネット）

4-2 ［ネットワーク層］パケットのフォーマット

> **ざっくりいうと**
> レイヤ3のヘッダは12個の情報で構成されている
> バージョン、プロトコル、TTLなど様々な情報が格納されている
> 一番重要な情報は送信元IPアドレスと宛先IPアドレス

●パケットのフォーマット

　パケットのフォーマットを詳しく見てみましょう。レイヤ3ではレイヤ2のトレーラのような末尾に付くデータはありませんので、レイヤ3ヘッダのみ付けられます。レイヤ2ヘッダをイーサネットヘッダと呼ぶように、IPというプロトコルを使っているため、レイヤ3ヘッダはIPヘッダとも呼びます。レイヤ3ヘッダは12のフィールドで構成されています。具体的には、IPv4かIPv6のどちらの通信なのかを示すバージョン、レイヤ2ヘッダ内のタイプの役割のように1つ上の層（レイヤ4）で使用されているプロトコルを表すプロトコル、TTL、送信元および宛先のIPアドレスなどの情報が格納されています（図4-2）。

●同一ネットワーク内での通信

　同一ネットワーク内での通信の際に、レイヤ2ヘッダとレイヤ3ヘッダにはどういったアドレスが格納されるかを見ていきましょう。

　図4-3のように、スイッチで接続された同一ネットワーク内でPC-AからPC-Bに通信を送信する場合、レイヤ2ヘッダには「送信元MACアドレス：0000.1111.111A、宛先MACアドレス：0000.1111.111B」が、レイヤ3ヘッダには「送信元IPアドレス：192.168.1.1、宛先IPアドレス：192.168.1.2」がそれぞれ格納されて送信されていきます。このように、通信データには必ずMACアドレスとIPアドレスの両方がそれぞれのヘッダに格納されています。

　同一ネットワーク内だけで通信が完結する場合（ルータを超えない範囲での通信の場合）は、PC-AとPC-Bの間にはスイッチやスイッチングハブしか存在しません。スイッチやスイッチングハブは宛先MACアドレスから通信を送る先を決定するため、結局同一ネットワーク内の通信ではレイヤ2の仕組みによって相手機器が識別され、通信が送られていきます。

図4-2 パケットのフォーマット

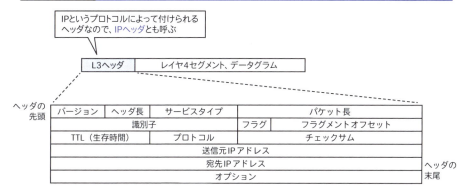

●主なフィールドの役割

フィールド	説明
バージョン	IPv4の通信かIPv6の通信かを示す値を格納（IPv4:0100、IPv6:0110）
TTL（生存時間）	パケットが生存できる残り時間
プロトコル	上位層（トランスポート層）のプロトコルを示す値を格納
送信元IPアドレス	送信元のIPアドレスを格納
宛先IPアドレス	宛先IPアドレスを格納

図4-3 同一ネットワーク内の通信

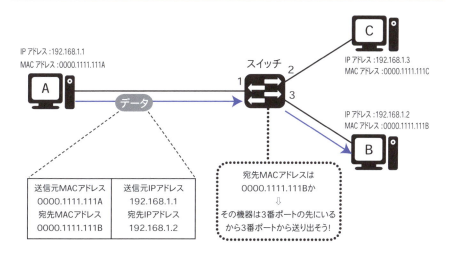

通信データには必ずヘッダ内にMACアドレス・IPアドレスの両方の情報が格納されているが、同一ネットワーク内の通信で結局はMACアドレス（レイヤ2の仕組み）によって宛先が識別され、通信が送られている

4-3 ［ネットワーク層］ルータの動作

通信のヘッダに格納されている IP アドレスは最後まで変わらない
MAC アドレスはネットワークが変わるごとに取り換えられる
ルータが通信の MAC アドレスを取り換えている

●異なるネットワーク間の通信

図4-4のように、PC-Aから異なるネットワークに属するPC-Bに通信を送る場合、レイヤ3ヘッダには「送信元：192.168.1.1、宛先：192.168.2.1」という送信元のPC-Aと最終目的地であるPC-BのIPアドレスが格納されます。一方、レイヤ2ヘッダには「送信元：0000.1111.111A、宛先：0000.1111.1111」のように、宛先MACアドレスには最終目的地であるPC-BのMACアドレスではなく、中継するルータの左側ポートのMACアドレスが格納されます。

PC-Aから送信された通信は、まず同一ネットワーク内での通信となるため、レイヤ2の仕組みでルータまで通信が送られます。PC-Aからの通信を受け取ったルータは、次にPC-Bが属する右側のネットワークへ通信を送り出していきます。通信を送り出すネットワークが変わるため、レイヤ2ヘッダに格納されるMACアドレスも「送信元：0000.1111.1112、宛先：0000.1111.111B」に付け替えられます。IPアドレスはエンドツーエンドの通信を担っているので、相手機器に届く最後まで変わることがありませんが、MACアドレスは同一ネットワーク内での通信を担っているので、ネットワークが変わるごとに新しい送信元と宛先MACアドレスに変わっていきます。

●ルータの動作

ルータはレイヤ3に分類され、やってきた通信の宛先IPアドレスから次に送り出す先のネットワークを判断し、通信を転送します。2-5でも紹介した通り、この仕組みをルーティングといいます。このルーティングの仕組みにはルータが保持するルーティングテーブル*の役割が重要になります。また、ネットワークが変わるごとに送信元と宛先のMACアドレスも変わります。そのため、ルータ自身がやってきた通信のMACアドレスを取り換える作業も行っています（図4-5）。

HINT *ルーティングテーブルの役割については6時間目に解説します

図4-4　異なるネットワーク間の通信

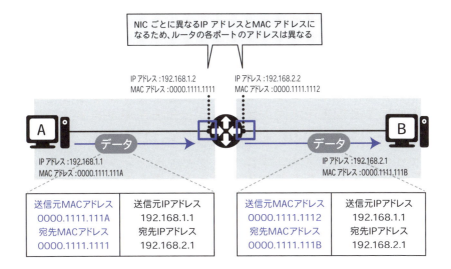

L3ヘッダに格納されているIPアドレスは通信が届く最後まで変わることはないが、L2ヘッダに格納されているMACアドレスはネットワークが変わるごとに新しい送信元と宛先のMACアドレスに変わる

図4-5　ルータの動作

●ルーティング

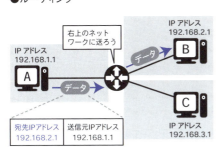

ルータはL3ヘッダ内の宛先IPアドレスを読み取って、通信を送り出すネットワークを判別する(ルーティング)

●MACアドレスの取り換え

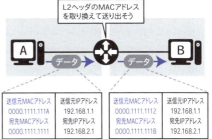

ネットワークが変わると送信元と宛先のMACアドレスも変わるので、ルータがレイヤ2ヘッダのMACアドレスを新しいネットワーク用に取り換える

4-4 [IPアドレス] IPアドレスの構造

32ビットで構成され、8ビットずつ10進数で表記する
前半部分の「ネットワーク部」と後半部分の「ホスト部」に分かれる
MACアドレスと違い、境界の位置は自由に設定することができる

●IPアドレスもNICに割り当てられている

　3-7で述べたように、MACアドレスはNICと呼ばれるインターフェイスの部分に割り当てられていました。IPアドレスも同様で、このNICに割り当てられている住所になります。MACアドレスは変更することができないアドレスであるのに対し、IPアドレスは私たちが一定のルールのもとで自由に設定可能です。そのため、論理アドレスやソフトウェアアドレスと呼ぶこともあります。

●IPアドレスの構造とネットワーク部とホスト部の役割

　IPアドレスは32ビット（4バイト）の2進数の値で構成されており、8ビットずつを10進数に変換して表記します。8ビットのひとかたまりをオクテットとも呼ぶため、第1オクテットから第4オクテットまでの構成になります。また、各オクテットは.（ドット）で区切って表記します（図4-6）。

　IPアドレスはある部分を境界として、前半のネットワーク部と後半のホスト部に役割が分かれ、その境界の位置を設定によって自由に変更することができます。ネットワーク部はその機器が属しているネットワークを表し、ホスト部によってそのネットワークの内の個々の機器を識別しています。つまり、ネットワーク部のすべてのビットの並びが完全に一致しているIPアドレスは、同じネットワークに属するIPアドレスになります。このネットワーク部とホスト部の関係は、「学校の組分けと出席番号」の関係と似たイメージです（図4-7）。

　IPアドレスは、自由に設定できる反面、ルールを無視した設定をしてしまうと通信ができなくなってしまうという点に注意が必要です。図4-8のように、スイッチやルータによって分割されている配置上の物理的なグループ分けと、IPアドレスのネットワーク部とホスト部によってできているグループ分けに矛盾があると、通信ができなくなってしまいます。

ネットワーク層の役割とIPアドレスの仕組み

図4-6　IPアドレスの構造

IPアドレスの正体は2進数32ビットの値でできている

11000000　10101000　00000001　00000001

IPアドレスは第1オクテットから第4オクテットで構成されている

IPアドレスは8ビットごとを10進数に変換し、.（ドット）で区切って表記する

192 . 168 . 1 . 1
（第1オクテット）（第2オクテット）（第3オクテット）（第4オクテット）

図4-7　ネットワーク部とホスト部

●第3オクテットと第4オクテットの間に境界がある場合

11000000　10101000　00000001｜00000001

192 . 168 . 1 ｜ 1
　　ネットワーク部　　　ホスト部

この場合第1、2、3オクテットがネットワーク部、第4オクテットがホスト部になる

●ネットワーク部とホスト部

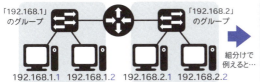

「192.168.1」のグループ　　「192.168.2」のグループ

192.168.1.1　192.168.1.2　192.168.2.1　192.168.2.2

組分けで例えると…

ネットワーク部「192.168.1」のホスト部「1」の機器と、ネットワーク部「192.168.1」のホスト部「2」の機器は同じグループ

●クラスと出席番号

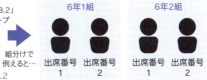

6年1組　　　　6年2組

出席番号1　出席番号2　出席番号1　出席番号2

「6年1組」の出席番号1の人と、「6年1組」の出席番号2の人は同じグループ

図4-8　物理的な配置とIPアドレスに矛盾がある例

（第3オクテットと第4オクテットの間に境界がある場合）

192.168.1.1　192.168.2.2

同一ネットワーク内に属する機器に、ネットワーク部が異なるIPアドレスを設定してしまうと通信できない

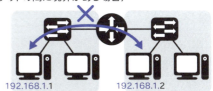

192.168.1.1　192.168.1.2

異なるネットワークに属する機器に、ネットワーク部が同じIPアドレスを設定してしまうと通信できない

4-5 [IPアドレス] IPアドレスとサブネットマスクの役割

> ざっくりいうと
> サブネットマスクはネットワーク部とホスト部の「境界」を示す目印
> 32ビットで構成され、8ビットずつ10進数で表記する
> ビットが「1」の部分がネットワーク部、「0」の部分がホスト部を表す

●サブネットマスクの役割

　サブネットマスクは、ネットワーク部とホスト部の境界の位置を示す値です。4-4で説明したように、IPアドレスのネットワーク部とホスト部の境界は決まっているわけではないため、IPアドレスを見ただけでは境界の位置が分かりません。IPアドレスと一緒にサブネットマスクを併記することで、境界の位置がどこにあるのかを示すことができます。(図4-9)。

●サブネットマスクの構造と表記方法

　サブネットマスクの構造を見てみましょう。サブネットマスクはIPアドレスと同様に32ビットの2進数で構成されており、先頭のビットから「1」が連続し、ある部分を境界としてそれ以降は「0」が連続します。そしてサブネットマスクのビットが「1」となっている部分までがIPアドレスのネットワーク部、ビットが「0」となっている部分がホスト部であることを示しています。サブネットマスクの表記方法は、IPアドレスと同様に8ビットごとを10進数に変換して「255.255.255.0」のように表記する方法と、「/24」のように何ビット目までがネットワーク部なのかを/(スラッシュ)で表記する方法*がありますが、どちらも意味していることは同じです(図4-10)。

●ネットワーク部とホスト部の境界はビット単位

　図4-10の例では、オクテットの境目のようにキリのいい位置にネットワーク部とホスト部に境界がありましたが、図4-11のようにオクテットの途中を境界とする(ビット単位で任意に設定する)ことも可能です。例えば20ビット目が境界の場合のサブネットマスクは、「255.255.240.0」(または/20)になります。26ビット目が境界の場合は「255.255.255.192」(または/26)です。

HINT　*/(スラッシュ)での表記方法を「プレフィックス表記」と呼びます。

図4-9 サブネットマスクの役割

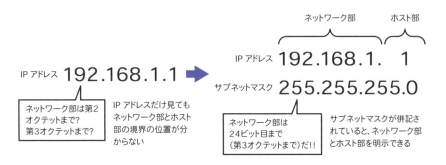

図4-10 サブネットマスクの構造と表記方法

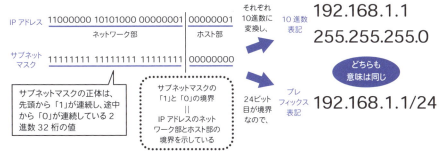

図4-11 様々な境界のサブネットマスク

4-6 [IPアドレス] サブネットマスクとネットワークの関係

> **ざっくりいうと**
> 境界の位置が変わるとネットワークの大きさが変わる
> 境界の位置が右にあるほどネットワークは小さくなる
> 境界の位置が左にあるほどネットワークは大きくなる

サブネットマスクの違いとネットワークの大きさの関係性について見ていきましょう。境界の位置によって、1つのネットワークの大きさも変わっていきます。

●24ビット目が境界の場合

24ビット目が境界（サブネットマスクが255.255.255.0または/24）のIPアドレス「192.168.1.1/24」で考えます。このIPアドレスと同じネットワークに属するIPアドレスはネットワーク部の24ビットの並びが完全に一致しているアドレスになりますので、「192.168.1.0〜255」までの256個になります。それ以外のIPアドレスはネットワーク部のビットの並びが一致しないため、異なるネットワークに属するアドレスとなります（図4-12）。24ビット目のように境界がちょうどオクテットの間にある場合は、「192.168.1.○」となっていれば同じネットワークに属するIPアドレスであるため、非常に分かりやすくなっています。

●26ビット目が境界の場合

次に26ビット目が境界（サブネットマスクが255.255.255.192または/26）のIPアドレス「192.168.1.1/26」で考えます。このIPアドレスと同じネットワークに属するIPアドレスはネットワーク部の26ビットの並びが完全に一致しているアドレスになりますので、「192.168.1.0〜63」までの64個になります。「192.168.1.64」以降のIPアドレスは26ビット目が異なるため、異なるネットワークのアドレスとなります。境界がオクテットの途中にある場合は、同じネットワークに属するアドレスの範囲をしっかりと見極めなければなりません（図4-13）。

このように、ネットワーク部とホスト部の境界が右にあればあるほど1つのネットワークに属するIPアドレスの数は少なくなります。反対に、境界が左にあればあるほど1つのネットワークに属するIPアドレスの数は多くなります。

ネットワーク層の役割とIPアドレスの仕組み

図4-12 24ビット目が境界の場合

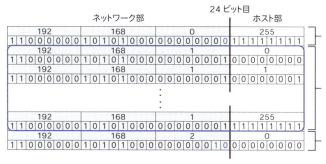

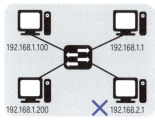

24ビット目が境界の場合、192.168.1.1と同じネットワークに属するIPアドレスは「192.168.1.0〜255」までとなる。
その範囲内のIPアドレスを同じネットワーク内の機器に設定しなくてはならない

図4-13 26ビット目が境界の場合

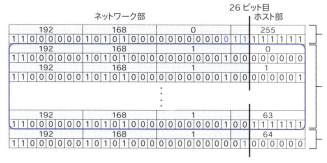

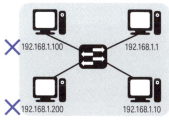

26ビット目が境界の場合、192.168.1.1と同じネットワークに属するIPアドレスは「192.168.1.0〜63」までとなる。192.168.1.64〜255までのアドレスは、24ビット目が境界のときは同じネットワークに属するアドレスだが、境界の位置が26ビット目に変わると異なるネットワークに属するアドレスになる

4-7 [IPアドレス] IPアドレスのクラス分類

> **ざっくりいうと**
> IPアドレスはクラスA〜Eの5つに分類される
> 機器に設定できるIPアドレスはクラスCまで
> 昔はクラスごとに境界の位置が固定だった

● IPアドレスのクラス分類

　IPアドレスのネットワーク部とホスト部の境界は固定ではないので、サブネットマスクによって境界を示していると説明しましたが、昔はアドレスの範囲によってその境界が固定の位置に決められていました。この考え方をクラスといい、IPアドレスは用途に応じて表4-1のようにクラスAからクラスEまでに分類されています。クラスDとクラスEのアドレスは特別な用途として用いられるため、実際に機器に設定することができるIPアドレスはクラスAからCまでとなります。

　クラスAの範囲のIPアドレスは、もともと8ビット目が固定の境界となっていたため、1つのネットワークに属するIPアドレスの数が非常に多く、大規模なネットワーク用となっていました。同様にクラスBは16ビット目が境界のため中規模ネットワーク用、クラスCは24ビット目が境界のため小規模ネットワーク用でした。

● IPアドレスの節約とサブネット化

　このように、もともとはクラス分類によって固定の境界の位置となっていましたが、3通りの境界の位置しかない（3通りのネットワークの大きさしかない）従来の分類では、使用できないムダなIPアドレスが多く生じてしまうという問題がありました。そのため、境界の位置を自由に設定できるようにして「ネットワークを分割して小さなネットワークを作り出す」という考えが生まれました（図4-14）。このように、もともとクラスによって決まっていた従来の大きさのネットワークを分割して複数の小さなネットワークを作り出すことをサブネット化と呼びます。

　サブネット化の方法は、境界の位置をクラス分類による従来の位置から右にずらしていくことで、小さなネットワークを複数作成していきます*。例えばクラスCのアドレスは従来の境界が24ビット目のため、境界の位置を25、26…ビット目とすることでネットワークを分割していきます。

HINT ＊境界の位置を左にずらしていくことで複数のネットワークをまとめて1つの大きなネットワークにすることをスーパーネット化（スーパーネッティング）といいます。

ネットワーク層の役割とIPアドレスの仕組み

表4-1 IPアドレスのクラス分類

クラス	アドレスの範囲	ネットワーク部	ホスト部	1ネットワーク内のIPアドレスの個数	用途
A	0.0.0.0～127.255.255.255（IPアドレスの先頭1ビットが「0」から始まる）	8ビット	24ビット	16,777,216	大規模ネットワーク向け
B	128.0.0.0～191.255.255.255（IPアドレスの先頭2ビットが「10」から始まる）	16ビット	16ビット	65,536	中規模ネットワーク向け
C	192.0.0.0～223.255.255.255（IPアドレスの先頭3ビットが「110」から始まる）	24ビット	8ビット	256	小規模ネットワーク向け
D	224.0.0.0～239.255.255.255（IPアドレスの先頭4ビットが「1110」から始まる）				マルチキャスト通信用（通信の宛先に指定するアドレス）
E	240.0.0.0～255.255.255.255（IPアドレスの先頭4ビットが「1111」から始まる）				実験用

> PCなどの機器に設定ができるのはクラスCの範囲のアドレスまで。
> クラスDのアドレスはマルチキャスト通信時の「宛先」に使用するアドレス。
> クラスEのアドレスは実験用なので、私たちが使用する機会はほとんどない

図4-14 IPアドレスの節約とサブネット化

●従来の境界が固定だった場合（クラスCの/24の例）
「192.168.1.0～255」のネットワーク

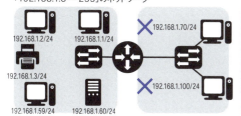

192.168.1.61以降は
このネットワークでは使わない

でも他のネットワークでも使えない
（192.168.1.61～255までの約200個のIPアドレスがムダになる）

60人（60台）ほどの小さなネットワークを作る場合、従来の固定の境界だとクラスCのアドレスを割り当てて24ビット目(/24)を境界にするしかなかった。
24ビット目が境界の場合、「192.168.1.0～255」までが同じネットワークに属するアドレスのため、たとえそのネットワークで使用しないとしても、他のネットワークでも使用することができず、ムダになってしまっていた

●サブネット化によるネットワークの分割（/26の例）
「192.168.1.0～63」のネットワーク

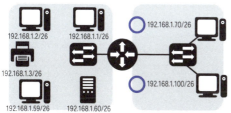

192.168.1.61以降は
このネットワークでは使わない

他のネットワークで192.168.1.64
以降のIPアドレスが使える

➡ 使えないIPアドレスのムダを少なくすることができる!!

60人（60台）ほどの小さなネットワークを作る場合、境界を26ビット目(/26)に設定すれば「192.168.1.0～63」までの小さなネットワークを作ることができる。「192.168.1.64」以降のIPアドレスは異なるネットワークに属するアドレスなので、ルータによって分割された他のネットワークで使用することができる

[IPアドレス]
4-8 サブネット化の考え方①
ネットワークの個数を求める

> **ざっくりいうと**
> ネットワークはサブネットマスクを右にずらすことで分割できる
> 1ビット右にずらすごとに2分割、4分割、8分割…されていく
> 「2の（右にずらしたビット数）乗個」の式で求められる

●サブネット化によるネットワークの分割

　ネットワークの分割についてもう少し詳しく見ていきましょう。クラスCのIPアドレスを/25や/26のネットワークにサブネット化するとします。前述した通り、もともと/24のネットワークでは「192.168.1.0～255」のように、256個のIPアドレスで1つのネットワークが作成されています。境界の位置を1ビット右にずらして/25にするとネットワーク部に該当するビット数が変わるため、同一ネットワークに属するIPアドレスも変わります。/25にすると「192.168.1.0～127」のグループと「192.168.1.128～255」のグループの、128個ずつのIPアドレスが属する2つのネットワークに分割されます（図4-15）。次に、さらにもう1ビットずらして/26にすると、「192.168.1.0～63」「192.168.1.64～127」「192.168.1.128～192.168.1.191」「192.168.1.192～255」の、64個ずつのIPアドレスが属する4つのネットワークに分割されます（図4-16）。

　このように、クラス分類によるもともとの基準の境界の位置から右に変えていくことで、分割された小さなネットワークを複数作成することができます。クラスの基準から1ビット右に変えるとネットワークは2分割され、さらにもう1ビット（基準から2ビット）変えるとネットワークは4分割されます。1ビットずらすと2分割、2ビットずらすと4分割、3ビットずらすと8分割…という規則性に従って、より小さいネットワークが複数作成されていきます。

　以上の規則性から、サブネット化によって分割されてできるネットワークの総数は「2の（右にずらしたビット数）乗個」という計算で求めることができます。例えばクラスCのアドレスを/28でサブネット化した場合、クラスCの基準である/24から4ビット境界の位置を右に変えていますので、「2^4=16分割=16個の小さいネットワーク」が作成されることになります。

ネットワーク層の役割とIPアドレスの仕組み●

図4-15　クラスCのネットワークを/25に分割した場合

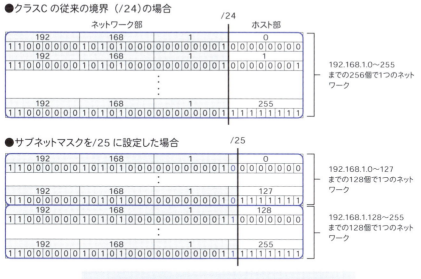

図4-16　クラスCのネットワークを/26に分割した場合

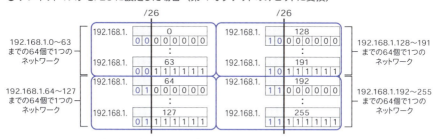

ワンポイントアドバイス　サブネット化によって分割されてできるネットワークの数は、クラスのもともとの基準から「2の（右にずらしたビット数）乗個」の計算式で求めることができます。

4-9 [IPアドレス] サブネット化の考え方② IPアドレスの総数を求める

> **ざっくりいうと**
> 1つのネットワークに属するIPアドレスの総数は「2の(ホスト部のビット)乗個」の式で求められる
> ホストに割り当て可能なIPアドレスの数はそれより2個少ない

● 1つのネットワークに属するIPアドレスの数

　ネットワーク部とホスト部の境界の位置が右にあればあるほど小さなネットワークに分割されるため、1つのネットワークに属するIPアドレスの数も少なくなり、反対に境界が左にあればあるほど1つのネットワークに属するIPアドレスの数も多くなります。では、その1つのネットワークに属するIPアドレスの数はどのようにして求めることができるでしょうか。/29という小さなネットワークで確認してみましょう（図4-17）。/29の場合ホスト部は3ビットになりますので、その3ビットで作ることができる数字の組み合わせは8通りです。各ビットが「0」か「1」の2通りずつですので、2通り×2通り×2通り=2^3=8通りと計算で求めることができます。同様に/25や/26のネットワークでは、ホスト部で作ることができる組み合わせはそれぞれ2^7=128通り、2^6=64通り、つまりそれぞれのネットワーク内に属するIPアドレスの数は128個と64個になります。

　以上のことから、1つのネットワークに属するIPアドレスの数は「2の(ホスト部のビット数)乗個」という計算で求めることができると分かります。

●ホストに割り当てることができるIPアドレスの数

　ネットワーク内のIPアドレスの中にはネットワークアドレスとブロードキャストアドレスという、ホスト*に割り当てることができないIPアドレスがそれぞれ1つずつあります。そのため、実際に機器（ホスト）に設定できるIPアドレスの数は、ネットワークアドレスとブロードキャストアドレスを除いた「2の(ホスト部のビット数)乗-2個」となります。例えば192.168.1.1/26のIPアドレスが属しているネットワークでは、IPアドレスの総数は192.168.1.0〜63までの2^6=64個となりますが、ホストに割り当てることができるIPアドレスの数は64-2=62個となります（図4-18）。

> **HINT** *ネットワークに接続されたPCやサーバ、ネットワーク機器などを総じて「ホスト」と呼びます。1時間目に学習した「ノード」と同じような意味で使用します。

ネットワーク層の役割とIPアドレスの仕組み

図 4-17　1つのネットワークに属するIPアドレスの数

●境界が 29 ビット目（/29）の場合

| ネットワーク部 | /29 ホスト部 |

| 192 | 168 | 1 | 0 |
| 1 1 0 0 0 0 0 0 | 1 0 1 0 1 0 0 0 | 0 0 0 0 0 0 0 1 | 0 0 0 0 0 0 0 0 |

:

| 192 | 168 | 1 | 7 |
| 1 1 0 0 0 0 0 0 | 1 0 1 0 1 0 0 0 | 0 0 0 0 0 0 0 1 | 0 0 0 0 0 1 1 1 |

境界が29ビット目の場合、同一ネットワークに属するIPアドレスはネットワーク部の29ビットが完全に一致しているアドレスなので、ホスト部の3ビットで作ることができる組み合わせは「000」「001」「010」「011」「100」「101」「110」「111」の8通り、$2^3=8$個になる

●境界が 25 ビット目（/25）の場合

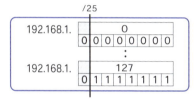

/25の場合、ホスト部の7ビットで作ることができる数の組み合わせは$2^7=128$通り。つまり1つのネットワーク内に128個のIPアドレスが属する

●境界が 26 ビット目（/26）の場合

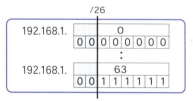

/26の場合、ホスト部の6ビットで作ることができる数の組み合わせは$2^6=64$通り。つまり1つのネットワーク内に64個のIPアドレスが属する

図 4-18　ホストに割り当てることができるアドレスの数

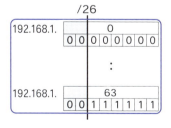

192.168.1.0〜63までの64個のIPアドレスが属する

/26の場合、ネットワーク内に64個のIPアドレスがあるが、そのネットワーク内にはネットワークアドレスとブロードキャストアドレスが1つずつ存在する。よって、それらを除いた64-2=62個が実際にPCなどのホストに割り当てることができるIPアドレスの数となる

64 − 2 = 62

ネットワーク内の全IPアドレスの数　　ネットワークアドレスとブロードキャストアドレス　　ホストに割り当て可能なIPアドレスの数

4-10 [IPアドレス] ネットワークアドレスとブロードキャストアドレス①

ざっくりいうと
ネットワーク内の最小のIPアドレスがネットワークアドレス
ネットワーク内の最大のIPアドレスがブロードキャストアドレス
どちらも特殊な役割があるので、機器に設定することはできない

前述した通り、ネットワーク内のIPアドレスにはホストに設定することのできないネットワークアドレスとブロードキャストアドレスという2つの特殊な役割を持つアドレスがあります。それぞれの役割を見ていきましょう（図4-19）。

●ネットワークアドレス

ホスト部のビットがすべて「0」になっているIPアドレス、つまりネットワーク内の最小のIPアドレスがネットワークアドレスです。例えば24ビット目が境界のときに「192.168.1.0～255」のIPアドレスが属するネットワークでは、「192.168.1.0/24」というIPアドレスが、ホスト部のビットがすべて「0」になっているためネットワークアドレスになります。

ネットワークアドレスはネットワーク内に属しているPCなどの1つの機器に設定する住所という役割ではなく、そのネットワークそのものを表すIPアドレスです。イメージとしては「○○町」や「△△村」のような、そのエリア全体（ネットワーク全体）を表す住所として使用します。

●ブロードキャストアドレス

ブロードキャストアドレスはホスト部のビットがすべて「1」になっているIPアドレス、つまりネットワーク内の最大のIPアドレスです。上記と同じ例では「192.168.1.255/24」というIPアドレスがホスト部のビットがすべて「1」となっているため、ブロードキャストアドレスになります。

ブロードキャストアドレスはブロードキャスト通信を行う際に使用するIPアドレスです。ブロードキャストアドレス宛に通信を送信すると、そのネットワーク全体に通信を送ることができます。通信の宛先に指定してネットワーク全体へと送信するためのIPアドレスなので、1つの機器に設定することはできません。

ネットワーク層の役割とIPアドレスの仕組み●

図4-19　ネットワークアドレス、ブロードキャストアドレスとその役割

	ネットワーク部			ホスト部	
	192	168	1	0	ネットワークアドレス
	1 1 0 0 0 0 0 0	1 0 1 0 1 0 0 0	0 0 0 0 0 0 0 1	0 0 0 0 0 0 0 0	
	:				
	192	168	1	255	ブロードキャストアドレス
	1 1 0 0 0 0 0 0	1 0 1 0 1 0 0 0	0 0 0 0 0 0 0 1	1 1 1 1 1 1 1 1	

境界が24ビット目の場合、「192.168.1.0～255」が属するネットワークでは、ホスト部のビットがすべて「0」になっている192.168.1.0（ネットワーク内の最小アドレス）がネットワークアドレス、ホスト部のビットがすべて「1」になっている192.168.1.255（ネットワーク内の最大アドレス）がブロードキャストアドレスとなる

●ネットワークアドレスのイメージ

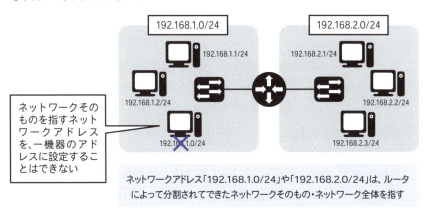

ネットワークアドレス「192.168.1.0/24」や「192.168.2.0/24」は、ルータによって分割されてできたネットワークそのもの・ネットワーク全体を指す

●ブロードキャストアドレスのイメージ

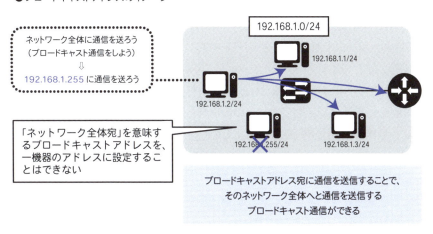

ブロードキャストアドレス宛に通信を送信することで、そのネットワーク全体へと通信を送信するブロードキャスト通信ができる

135

4-11 [IPアドレス] ネットワークアドレスとブロードキャストアドレス②

> **ざっくりいうと**
> ネットワークアドレスからネットワーク内のアドレスの範囲が分かる
> 分割されたネットワークにも、それぞれネットワークアドレスとブロードキャストアドレスが必ず存在する

●ネットワークアドレスの使い方

　ネットワークアドレスは、ネットワークの構成図でそれぞれのネットワークにどういったIPアドレスが割り振られているかを示す際に多く用いられます。逆にいえば、私たちは構成図からそれぞれのネットワークに属する機器に設定されているIPアドレスの範囲を読み取れなければなりません。図4-20のように境界がちょうどオクテットの間にある場合は、ホスト部に該当するオクテットの値を255にするだけでブロードキャストアドレスを求めることができます。例えば10.0.0.0/8というクラスAのネットワークの場合、ブロードキャストアドレスは10.255.255.255です。ここから10.0.0.0/8のネットワークに属するIPアドレスの範囲は10.0.0.0～10.255.255.255、ホストに割り当て可能なIPアドレスの範囲は10.0.0.1～10.255.255.254と読み取ることができます。

　また、サブネット化により分割されてできた複数の小さなネットワークにも、それぞれネットワークアドレスとブロードキャストアドレスが存在します。4-8で解説したように、例えばクラスCのアドレスを/26でサブネット化した場合、$2^2=4$分割されるため、4つの小さなネットワークができます。この分割された4つのネットワークそれぞれにネットワークアドレスとブロードキャストアドレスが存在します（図4-21）。そのため、4つのネットワークともホストに割り当てることができるIPアドレスは$2^6-2=64-2=62$個ずつとなります。

　サブネットマスクが変わると、1つのネットワークに属するIPアドレスの範囲も変わります。例えば192.168.1.64というIPアドレスは、サブネットマスクを/24で設定した場合はネットワークアドレスでもブロードキャストアドレスでもないため機器に設定できますが、/26で設定した場合は分割された1つのネットワークのネットワークアドレスになり、機器に設定できません。

ネットワーク層の役割とIPアドレスの仕組み●

図4-20　ネットワークアドレスの使い方

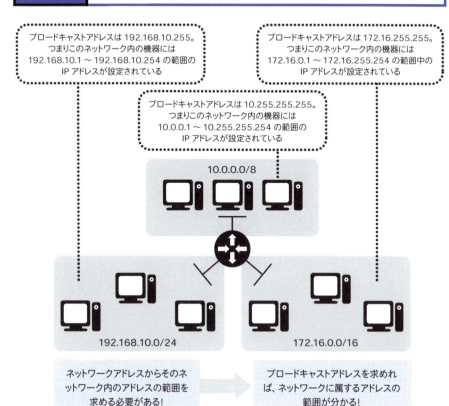

図4-21　サブネット化された場合

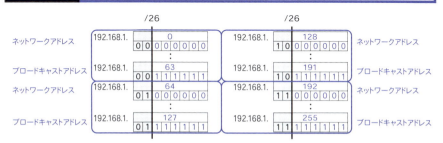

クラスCのIPアドレスが/26でサブネット化された場合、4つのネットワークに分割され、それぞれネットワークのホスト部のビットがすべて「0」のアドレスがネットワークアドレス、ビットがすべて「1」のアドレスがブロードキャストアドレスになる。それぞれのネットワークでホストに割り当て可能なアドレスの数は、$2^6-2=62$個ずつとなる

137

4-12 [IPアドレス] ネットワークアドレスとブロードキャストアドレスの求め方

ざっくりいうと
ネットワークアドレスはホスト部のビットがすべて「0」
ブロードキャストアドレスはホスト部のビットがすべて「1」
ネットワークアドレスは○の倍数になるという規則性がある

192.168.1.147/26というIPアドレスが属するネットワークのネットワークアドレスとブロードキャストアドレスを、2つの方法で求めてみましょう。

●ビットに変換して求める方法

最も分かりやすい方法は、IPアドレスをビットに変換し直すことです。ビットに直したIPアドレスのホスト部をすべて「0」にして、再度10進数に戻すことでネットワークアドレスを、ホスト部をすべて「1」にして、再度10進数に戻すことでブロードキャストアドレスを、それぞれ求めることができます（図4-22）。

●計算で求める方法

192.168.1.147/26のIPアドレスは、クラスCに分類されるネットワークです。クラスCのもともとの境界である/24から2ビット右にずらして/26でサブネット化しているため、ネットワークは$2^2=4$分割され、また1つのネットワークあたりに属するIPアドレスの数は$2^6=64$個ずつになります。

図4-23の左下のように、/26で4分割されたネットワークのネットワークアドレスとブロードキャストアドレスに着目します。各ネットワークは64個ずつのIPアドレスで構成されているため、ネットワークアドレスの第4オクテットは必ず64の倍数に、ブロードキャストアドレスは次の64の倍数-1になるという規則性があることが分かります。

以上の規則性から、ネットワークアドレスはそのネットワーク内で最小のアドレスであるため、求めるネットワークアドレスの第4オクテットは「147より小さく、147に最も近い64の倍数」である128になります。

同様にブロードキャストアドレスの第4オクテットは「128の次の64の倍数-1」である191になります。

図4-22 ビットに変換して求める方法

図4-23 計算で求める方法

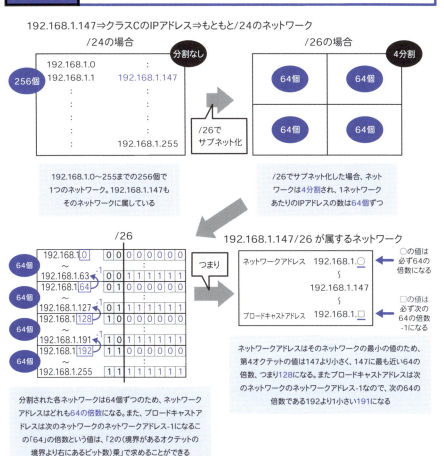

4-13 [IPアドレス] IPアドレスの計算のまとめ

> **ざっくり いうと** IPアドレスを見たら、8つの項目を答えられるようにしておく

●IPアドレスの計算まとめ

IPアドレスを見たら、以下の8項目を答えられるようにしましょう。

①サブネットマスクの10進数表記⇔スラッシュ表記の変換
②もともとのクラス分類ではどのクラスに該当するか
③そのクラスの、ネットワーク部とホスト部のもともとの境界の位置はどこか
④何分割のネットワークにサブネット化されているか
⑤ネットワークに属しているIPアドレスの総数はいくつか
⑥ネットワーク内でホストに割り当て可能なIPアドレスの総数はいくつか
⑦ネットワークアドレスは何か
⑧ブロードキャストアドレスは何か

「172.16.138.41/20」というIPアドレスでこの8項目を求めてみます。①/20というサブネットマスクは、32ビットのうち先頭20ビットが「1」、残りが「0」となりますので、それを10進数に変換すると255.255.240.0になります。図4-24にあるサブネットマスクに用いられる2進数と10進数の変換表は、必ず暗記しましょう。②「172」から始まるIPアドレスはクラスBに分類され、③クラスBのもともとの境界の位置は/16の位置です。④その基準の境界から右に4ビットずらしているため、ネットワークは$2^4=16$分割されています。⑤またホスト部は12ビットあるため、1つのネットワークに属しているIPアドレスの総数は$2^{12}=4096$個となります。⑥ネットワークの中にはネットワークアドレスとブロードキャストアドレスという、ホストに割り当てることができないIPアドレスが2つあるため、実際にホストに割り当てることができるIPアドレスは4096-2=4094個となります。⑦と⑧は計算で求めると、図4-25のようにネットワークアドレスの第3オクテットが16の倍数になっていることが分かります。そのため、ネットワークアドレスは172.16.128.0、ブロードキャストアドレスは172.16.143.255になります。

ネットワーク層の役割とIPアドレスの仕組み

図4-24 /20のサブネットマスク

255	255	240	0
1 1 1 1 1 1 1 1	1 1 1 1 1 1 1 1	1 1 1 1 0 0 0 0	0 0 0 0 0 0 0 0

/20のサブネットマスクは20ビット目に境界があるため、先頭から20ビットが「1」、残りのビットが「0」を意味している

● サブネットマスクに用いられる2進数と10進数の変換表

2進数	10進数	2進数	10進数
10000000	128	11111000	248
11000000	192	11111100	252
11100000	224	11111110	254
11110000	240	11111111	255

サブネットマスクに利用するビットとその10進数の値は暗記しておくと便利。例えば「/29」というサブネットマスクは第4オクテットの5ビット目までがすべて「1」となるので、第3オクテットまでは「11111111」、第4オクテットが「11111000」になる。暗記しておくと計算せずに「255.255.255.248」とすぐに求めることができる

図4-25 ネットワークアドレスとブロードキャストアドレスの計算

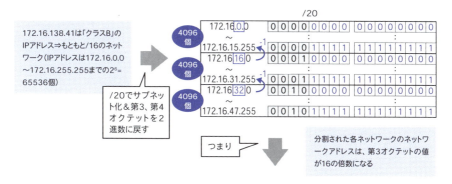

172.16.138.41は「クラスB」のIPアドレス⇒もともと/16のネットワーク（IPアドレスは172.16.0.0～172.16.255.255までの2^{16}=65536個）

/20でサブネット化＆第3、第4オクテットを2進数に戻す

つまり

分割された各ネットワークのネットワークアドレスは、第3オクテットの値が16の倍数になる

172.16.138.41/20 が属するネットワーク

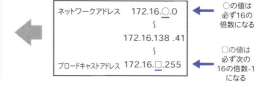

○の値は必ず16の倍数になる

□の値は必ず次の16の倍数-1になる

ネットワークアドレスはそのネットワークの最小の値のため、第3オクテットの値は138より小さく、138に最も近い16の倍数、つまり128になる。またブロードキャストアドレスは次のネットワークのネットワークアドレス-1なので、次の16の倍数である144より1小さい143になる

ワンポイントアドバイス IPアドレスからネットワークアドレスとブロードキャストアドレスを求める場合は「①：境界があるオクテットの、境界より右にあるビット数を求める（例：/11なら5ビット、/20なら4ビット、/29なら3ビット）」→「②：①で求めたビット数を2のべき乗する（例：/11なら2^5=32、/20なら2^4=16、/29なら2^3=8）」→「③：求めるネットワークアドレスの境界があるオクテットの値は、必ず②で求めた倍数になるため、対象のIPアドレスより小さく、最も近い倍数を求める」→「④：ブロードキャストアドレスは次のネットワークアドレス-1で求める」という手順で行います。

141

IPアドレスの計算問題

【問題】

Q1 以下のIPアドレスのネットワークアドレスとブロードキャストアドレスを求めてください。

① 172.16.10.235 255.255.252.0
② 192.168.31.68/28
③ 10.140.51.79 255.248.0.0
④ 172.31.220.170/26

① ネットワークアドレス（　　　　）　ブロードキャストアドレス（　　　　）
② ネットワークアドレス（　　　　）　ブロードキャストアドレス（　　　　）
③ ネットワークアドレス（　　　　）　ブロードキャストアドレス（　　　　）
④ ネットワークアドレス（　　　　）　ブロードキャストアドレス（　　　　）

Q2 以下の表の空白部分を埋めてください。

クラス	アドレスの範囲	ネットワーク部	ホスト部	1ネットワーク内のIPアドレスの個数	用途
A	0.0.0.0～（　　）.255.255.255	（　）ビット	（　）ビット	16,777,216	大規模ネットワーク向け
B	（　）.0.0.0～（　　）.255.255.255	（　）ビット	（　）ビット	65,536	中規模ネットワーク向け
C	（　）.0.0.0～（　　）.255.255.255	（　）ビット	（　）ビット	（　　）	小規模ネットワーク向け
D	（　）.0.0.0～（　　）.255.255.255				（　　　　）通信用
E	（　）.0.0.0～255.255.255.255				実験用

Q3 クラスCのIPアドレスはサブネットマスクを255.255.255.224に設定することでいくつのネットワークに分割されるでしょうか。また、その分割されたそれぞれのネットワーク1つあたりに属するIPアドレスの数は何個でしょうか。

分割されてできるネットワークの数（　　　　）
ネットワーク1つあたりに属するIPアドレスの数（　　　　）

Q4 172.16.203.188/21と同一ネットワークに属するホストに割り当て可能なIPアドレスの範囲を求めてください。

(　　　　　　　　　　　　　　　　)

Q5 クラスBに分類されるIPアドレスで、500台以上のホストを持つ分割されたネットワークを100個作りたい場合、どのようなサブネットマスクに設定すれば良いでしょうか。
(　　　　　　　　　　　　　　　　)

Q6 サブネットマスクが255.255.192.0に設定されているとき、ホストに割り当てることができるIPアドレスを以下の中からすべて選択してください。
① 172.16.64.0　　　　　　② 100.118.128.255
③ 142.110.63.255　　　　 ④ 239.67.192.255
⑤ 10.55.95.0　　　　　　 ⑥ 31.199.191.0
(　　　　　　　　　　　　　　　　)

Q7 192.168.120.157/27というIPアドレスが設定されているPCと同一ネットワークに属する機器に設定することができるIPアドレスを以下の中からすべて選択してください。
① 192.168.120.160　　　　② 192.168.120.128
③ 192.168.120.139　　　　④ 192.168.120.141
⑤ 192.168.120.120　　　　⑥ 192.168.120.159
(　　　　　　　　　　　　　　　　)

【解答・解説】

Q1 ①ネットワークアドレス（172.16.8.0）ブロードキャストアドレス（172.16.11.255）
②ネットワークアドレス（192.168.31.64）ブロードキャストアドレス（192.168.31.79）
③ネットワークアドレス（10.136.0.0）ブロードキャストアドレス（10.143.255.255）
④ネットワークアドレス（172.31.220.128）ブロードキャストアドレス（172.31.220.191）

→ 4-12

クラス	アドレスの範囲	ネットワーク部	ホスト部	1ネットワーク内のIPアドレスの個数	用途
A	0.0.0.0 ～ (127).255.255.255	(8) ビット	(24) ビット	16,777,216	大規模ネットワーク向け
B	(128).0.0.0 ～ (191).255.255.255	(16) ビット	(16) ビット	65,536	中規模ネットワーク向け
C	(192).0.0.0 ～ (223).255.255.255	(24) ビット	(8) ビット	(256)	小規模ネットワーク向け
D	(224).0.0.0 ～ (239).255.255.255				（マルチキャスト）通信用
E	(240).0.0.0 ～ 255.255.255.255				実験用

➡ 4-7

分割されてできるネットワークの数（8）
ネットワーク1つあたりに属するIPアドレスの数（32）

まずサブネットマスク255.255.255.224は2進数に変換します。

255	255	255	224
1 1 1 1 1 1 1 1	1 1 1 1 1 1 1 1	1 1 1 1 1 1 1 1	1 1 1 0 0 0 0 0

27ビット目までが「1」となっているため、ネットワーク部とホスト部の境界は27ビット目、つまり/27となります。クラスCのアドレスはもともとの基準の境界が24ビット目のため、右に3ビットずらしてサブネット化していることが分かります。分割されてできるネットワークの数は「2の（右にずらしたビット数）乗」で求めることができるため、2^3=8分割=8個となります。また、1つあたりのネットワークに属するIPアドレスの数は「2の（ホスト部のビット数）乗」で求めることができるため、2^5=32個となります。

➡ 4-8、4-9

172.16.200.1 ～ 172.16.207.254

まず172.16.203.188/21と同一ネットワークに属するIPアドレスの範囲を求めるために、ネットワークアドレスとブロードキャストアドレスを求めます。ネットワークアドレスが172.16.200.0、ブロードキャストアドレスが172.16.207.255ですので、ネットワークの範囲は172.16.200.0 ～ 172.16.207.255ということが分かります。ただし、この設問で問われているのはホストに割り当て可能なIPアドレスの範囲ですので、ネットワークアドレスとブロードキャストアドレスを除いた172.16.200.1 ～ 172.16.207.254となります。

➡ 4-9

Q5 /23 または255.255.254.0

500台以上のホストを持つ大きさのネットワークを作るために必要なホスト部のビット数は2^9=512から、9ビット以上です。つまり23ビット目より左に境界があれば良いことになります。もう1つの条件で、分割されたネットワークを100個以上作りたい場合は、2^7=128から、クラスによる分類のもともとの境界から7ビット以上右にずらす必要があります。クラスBの境界が16ビット目のため、23ビット目より右に境界があれば良いことになります。この2つの条件を満たす境界の位置は23ビット目しかないため、求めるサブネットマスクは/23または255.255.254.0となります。

→ 4-6

Q6 ②、⑤、⑥

サブネットマスク255.255.192.0はスラッシュ表記にすると/18となります。それぞれのIPアドレスを/18で考えたときに、ネットワークアドレスでもブロードキャストアドレスでもなければホストに割り当てることができるIPアドレスになります。

①はホスト部のビットがすべて「0」になるためネットワークアドレスです。

③はホスト部のビットがすべて「1」になるためブロードキャストアドレスです。

④はそもそもクラスDのアドレスですのでホストに割り当てることはできません。

残りの②、⑤、⑥はホスト部のビットに「0」と「1」が混在しているため、ネットワークアドレスでもブロードキャストアドレスでもなく、ホストに割り当てることができるアドレスとなります。

→ 4-10、4-11

Q7 ③、④

同一ネットワークに属するIPアドレスの範囲を求めるために、まずネットワークアドレスとブロードキャストアドレスを求めます。ネットワークアドレスは192.168.120.128、ブロードキャストアドレスは192.168.120.159となるため、ネットワークの範囲は192.168.120.128～192.168.120.159ということが分かります。この設問では、機器に設定することができるIPアドレスが問われているので、ネットワークアドレスとブロードキャストアドレスを除いた192.168.120.129～192.168.120.158の範囲のIPアドレスが同一ネットワークに属する機器に設定できるIPアドレスになります。

→ 4-10、4-11

4-14 [IPアドレス] プライベートIPアドレスとグローバルIPアドレス

> **ざっくりいうと**
> プライベートIPアドレスはLAN内で使用できるアドレス
> グローバルIPアドレスはインターネットで使用されるアドレス
> この2つのアドレスとNATの仕組みによってアドレスの節約を実現する

●2つのIPアドレスが生まれた背景と役割

　IPアドレスは機器の住所の役割になるため、原則としてはすべての機器に異なるIPアドレスが設定されていなければなりません。しかしインターネットの普及によりIPアドレスの数がいずれ不足し*、すべての機器に異なるIPアドレスを設定することが不可能になると予測されました。そこで新たに考えられたのが、プライベートIPアドレスとグローバルIPアドレスです（図4-26）。

　プライベートIPアドレスは、社内や家庭内といったLAN内で使用するIPアドレスです。もちろん同一のLAN内で重複してはいけませんが、異なるLAN（インターネットなどで分離されたLAN）であれば重複して使用することが可能です。それに対しグローバルIPアドレスは、インターネット上で使用するIPアドレスで、世界中で重複せず一意となっていなければなりません。プライベートIPアドレスは表4-2のように範囲が決まっており、LAN内ではその範囲の中のIPアドレスを自由に設定して使用することができます。

●2つのアドレスによる通信の仕組み

　プライベートIPアドレスとグローバルIPアドレスを使った通信には、ルータのNATと呼ばれる機能が重要になります。NATはルータを通過する通信のヘッダに格納されているIPアドレスを変換する機能です。図4-27のように、通信がLANとインターネットの境界にあるルータを通過する際に、ルータによって通信の送信元IPアドレスがプライベートIPアドレスからグローバルIPアドレスへと変換されます。一意なアドレスに変換して送信することで、インターネット上でも通信の送信元を1ヶ所に特定することができます。この仕組みにより、たとえLAN内に数百台の機器があっても、そのLANに1つのグローバルIPアドレスが割り当てられていれば通信可能となり、IPアドレスを節約できるのです。

HINT　＊IPアドレスは32ビットの値のため、総数は2^{32}=約43億個です。この数は現代のネットワークの規模を考えると非常に少ない数になります。

図 4-26　プライベートIPアドレスとグローバルIPアドレスが生まれた背景

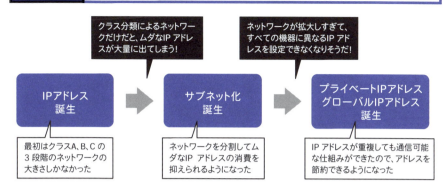

表 4-2　プライベートIPアドレスの範囲

クラス	範囲
クラスA	10.0.0.0 〜 10.255.255.255
クラスB	172.16.0.0 〜 172.31.255.255
クラスC	192.168.0.0 〜 192.168.255.255

図 4-27　プライベートIPアドレスとグローバルIPアドレスのNAT変換

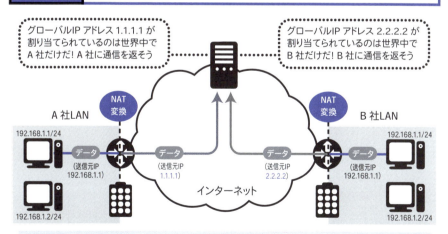

NATによってインターネット上へ送信される際に一意のグローバルIPアドレスに変換することで、受信側の機器はどのLANからの通信かを識別することができる。異なるLANに同じプライベートIPアドレスが設定されていても通信は成り立つので、グローバルIPアドレスの節約が可能

4-15 [IPアドレス] IPv4の枯渇問題とIPv6

> **ざっくりいうと**
> IPv6はIPv4のアドレス不足の解決策として作られた
> IPv6は128ビットで構成されているため莫大な数がある
> 16進数32桁に変換し、4桁ずつ：で区切って表記する

●IPv4の枯渇問題とIPv6

4-14で紹介した、プライベートIPアドレスとグローバルIPアドレスを用いたNAT変換の仕組みによってアドレスの節約が実現されました。しかし、これはあくまで「節約」するための技術です。インターネットが途上国にも普及していけば、いずれはグローバルIPアドレスが足りなくなってしまいます。そこで次に考えられたのが、「アドレスの不足を考えなくても良いほど莫大な数があるIPアドレス」を新しく作るということでした。それこそがIPv6になります（図4-28）。

●IPv6アドレスの構造と表記

IPv6の最大の特徴はアドレスの数の多さです。IPv6アドレスの桁数は128ビットでできているため、総数は2^{128}＝約340澗（カン）個※という莫大な数になります。IPv6アドレスの構造は前半部分のサブネットプレフィックスと後半部分のインターフェイスIDに分かれています。それぞれIPv4のネットワーク部とホスト部と同じ役割です（図4-29）。また255.255.255.0のようなサブネットマスクは存在せず、ネットワークとホスト部の境界は/64のようにプレフィックス表記で記述します。IPv6アドレスは128ビットの値を16進数に変換して表記するため、16進数32桁になります。そして4桁ずつを：（コロン）で区切り、全8フィールドで表記します。しかしこれでもまだ表記が長いため、IPv6アドレスには一部省略するための以下のようなルールがあります。

- 各フィールドの先頭の0を省略する。0000は0にする
- 0000のフィールドが複数連続している場合には1回だけ::に省略する

図4-30のアドレスに当てはめると、第3フィールドの「00f7」は「f7」、第4フィールドの「000b」は「b」、第5〜7フィールドの「0000」は「0」に省略できます。また第5〜7フィールドは「0000」が連続しているので、::に省略可能です。

HINT ※1澗は1兆×1兆×1兆になります。

図4-28 IPv4アドレスの枯渇問題とIPv6

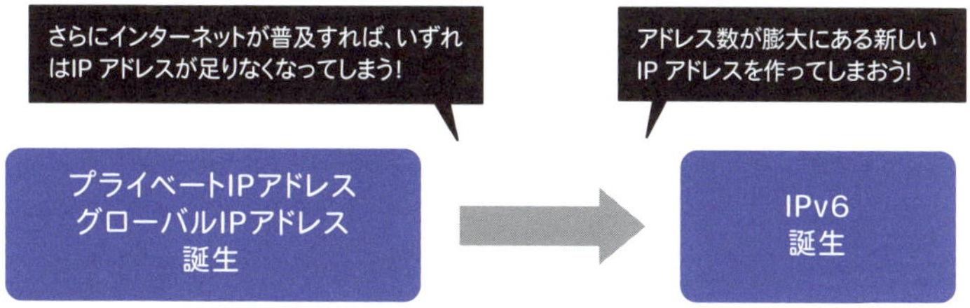

さらにインターネットが普及すれば、いずれはIPアドレスが足りなくなってしまう！

プライベートIPアドレス
グローバルIPアドレス
誕生

→

アドレス数が膨大にある新しいIPアドレスを作ってしまおう！

IPv6
誕生

図4-29 IPv6の構造

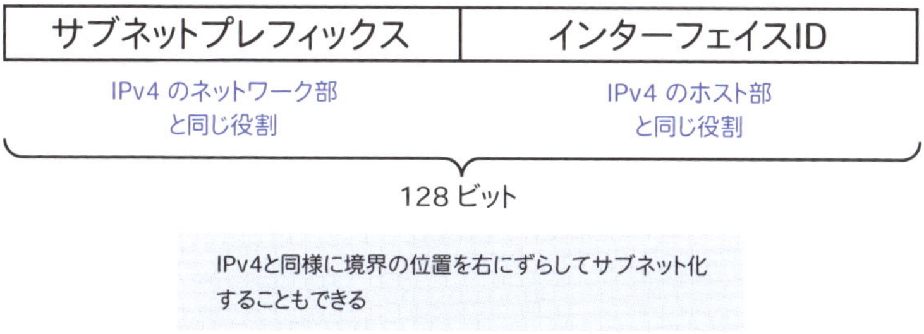

サブネットプレフィックス	インターフェイスID
IPv4のネットワーク部と同じ役割	IPv4のホスト部と同じ役割

128ビット

IPv4と同様に境界の位置を右にずらしてサブネット化することもできる

図4-30 IPv6の表記と省略方法

2001:40a3:00f7:000b:0000:0000:0000:2e4d/64

フィールドの先頭に0がある場合は省略、0000のフィールドは0に省略する

2001:40a3:f7:b:0:0:0:2e4d/64

複数連続している0000のフィールドを::に省略する

2001:40a3:f7:b::2e4d/64

ワンポイントアドバイス

IPv6の表記のルールとその省略方法を覚えておきましょう。

○表記のルール
・128ビットを16進数32桁で表記
・4桁ずつを：（コロン）で区切って全8フィールドで表記
・サブネットプレフィックスとインターフェイスIDの境界はプレフィックス表記で表す

○省略のルール
・各フィールドの先頭の0を省略する。0000は0にする
・0000のフィールドが複数連続している場合には1回だけ::に省略する

実際に体験してみよう！

プライベートIPアドレスと
グローバルIPアドレスを調べよう！

　インターネット接続時に自分のPCがどのようなIPアドレスを使用しているか調べてみましょう。

■STEP 1. プライベートIPアドレスを調べる

　コマンドプロンプトを立ち上げ（起動方法はP.39参照）、「ipconfig /all」コマンドを実行します。Macではターミナルを立ち上げ（起動方法はP.40参照）、「ifconfig」コマンドを実行します。「IPv4 アドレス」と書かれているIPアドレスが、自身のPCに設定されているプライベートIPアドレスになります。

①「ipconfig /all」と入力して「Enter」キーを押す

②プライベートIPアドレスが確認できる

■STEP 2. 自身のPCに設定されているグローバルIPアドレスを調べる

　下記のサイトにアクセスし、アクセスしたページ内にある「現在接続している場所（現IP）」の欄に表示されているIPアドレスを確認します。このアドレスが、自身のPCが使用しているグローバルIPアドレスになります。

あなたの情報（安全な確認くん）：https://kakunin.net/kun/

取得項目	情報	解説
情報を取得した時間	2019年01月05日　PM　20時13分00秒	
現在接続しているホスト名	kakunin.net (49170)	サーバのドメイン名（ポート番号）
現在接続している場所（現ＩＰ）	133.202.212.217	※1（REMOTE_ADDR）
現在接続している場所（元ＩＰ）		※2（FORWARDED_FOR）
プロバイダー名	FL1-133-202-212-217.tky.mesh.ad.jp	クライアントホスト名※3
ブラウザーとOS	Mozilla/5.0 (Windows NT 6.3; Win64; x64) AppleWebKit/537.36 (KHTML, like Gecko) Chrome/71.0.3578.98 Safari/537.36	閲覧者のWeb Browserの種別
サポート言語	ja,en-US;q=0.9,en;q=0.8	jaまたはJPNで日本語サポート
クライアントの場所		（HTTP_FORWARDED）
クライアントＩＤ		httpd認証を経由していれば表示
ユーザ名		RFC1413認証をサポートしていれば表示
クッキー		食べ残しに注意
どこのURLから来たか		直接URLを指定した場合は表示されない
proxyのバージョン等		（HTTP_VIA）
proxyの効果		（PROXY_CONNECTION）
FORMの情報	GET	データの入力方法（GET or POST）
FORMのタイプ		Serverに送るMIMEタイプ
FORMのバイト数		Serverに送るバイト数
HTTP_X_LOCKING		
HTTP_FROM		
データ取得の手段	GET	REQUEST_METHODで指定
エンコードの仕様	gzip, deflate, br	
MIMEの仕様	text/html,application/xhtml+xml,application/xml;q=0.9,image/webp,image/apng,*/*;q=0.8	※4

　自宅などで同じWi-Fiやルータに接続しているスマホや他のPCなどがある方は、それらの機器でも同じようにグローバルIPアドレスを調べてみてください。どの機器でも同じグローバルIPアドレスを使用していることが確認できるはずです。

[ネットワーク層のプロトコル]
4-16 ARP ①
同一ネットワーク内での通信動作

> **ざっくりいうと**
> ARPはIPアドレスからMACアドレスを聞き出す仕組み
> ARP要求とARP応答によってMACアドレスを教えてもらう
> 相手との初回の通信時にコンピュータによって自動で行われる

● ARPとは

　ARP（Address Resolution Protocol）は宛先IPアドレスから宛先MACアドレスを調べる（アドレス解決する）ためのプロトコルです。通信にはL2ヘッダとL3ヘッダが付けられているため、必ずMACアドレスとIPアドレスが格納されていますが、実は私たちが通信を送る際は宛先IPアドレスだけを指定して送信し、宛先MACアドレスは指定していません。通信の際に必要な宛先MACアドレスの情報は、ARPの仕組みを用いてコンピュータが自動的に解決しています。

　ARPはARP要求（ARPリクエスト）とARP応答（ARPリプライ）という2種類のデータを送信し合うことでMACアドレスを調べています。

　図4-31のように接続された同一ネットワーク内で、PC-AからPC-B宛（192.168.1.2宛）に通信を送信したとします。しかし、PCからすると宛先IPアドレスは分かりますが、宛先MACアドレスが分からないため、L2ヘッダを作ることができず、通信を送信できません。そこでPCは、相手のMACアドレスを聞き出すためにARP要求を送信します（図4-32）。ARP要求で送られる内容は「192.168.1.2さんMACアドレス教えてください」というメッセージです。PCはどの機器に192.168.1.2というIPアドレスが設定されているか分からないため、ARP要求はブロードキャスト*でネットワーク全体へと送信します。

　ARP要求を受け取ったPC-Bは、ARP応答で自身のMACアドレスを教えます。ARP応答はMACアドレスを聞いてきた機器に対してだけ送信すれば良いため、PC-Aへユニキャストで送信します。ARP応答を受け取ったPC-Aは、相手機器のMACアドレスが分かったので、最初は送れなかった通信を送れるようになります。また相手機器のIPアドレスとMACアドレスをARPテーブル（またはARPキャッシュ）に登録するため、2回目以降の通信では、ARP要求を送信しなくてもARPテーブルの情報をもとに通信を送ることができます。（図4-33）。

 *IPアドレスと同様に、MACアドレスにもブロードキャストアドレスがあります。MACアドレスのブロードキャストアドレスは、「ffff.ffff.ffff」という、48ビットがすべて「1」となっているアドレスです。

図 4-31　MACアドレスが分からないと送信できない

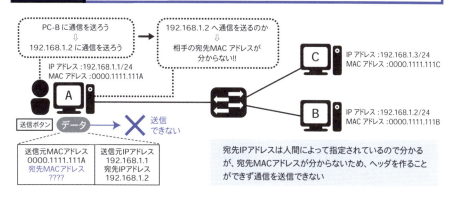

図 4-32　APR要求の送信

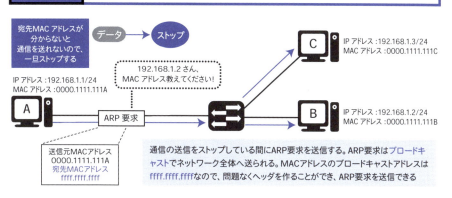

図 4-33　ARP応答の送信

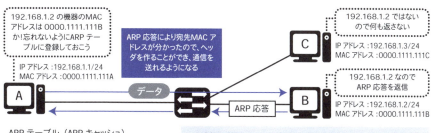

4-17 [ネットワーク層のプロトコル] ARP ② 異なるネットワーク内での通信動作

> **ざっくりいうと**
> 異なるネットワークへの通信時はデフォルトゲートウェイに対してARPを行う
> PCはデフォルトゲートウェイの設定がないと他のネットワークと通信できない

● 異なるネットワーク間との通信時のARPの流れ

　図4-34のように異なるネットワークへ通信を送信する場合も、PC-Aは宛先MACアドレスが分からないため、ARPを行います。このときPC-Aは、自身と送信先のIPアドレスからPC-Bが異なるネットワークに属していると分かります。

　異なるネットワークと通信する際はネットワークの境界に位置するルータを必ず通るため、直接PC-BのMACアドレスをARPで聞き出すのではなく、ルータにARPを送り、192.168.1.2側のインターフェイスのMACアドレスを聞き出します。

　この異なるネットワークの出入り口になるルータをデフォルトゲートウェイと呼びます。PCにはこのデフォルトゲートウェイのIPアドレス、つまりルータのIPアドレスをあらかじめ設定しておく必要があり、デフォルトゲートウェイが登録されていなかった場合、PCは他のネットワークと通信をすることができません。

　PC-Aはデフォルトゲートウェイに対してARPを行うことにより、ルータのMACアドレスを知ることができたので、PC-AはL2ヘッダの宛先MACアドレスに「0000.1111.1111」を格納して通信をルータへと転送します。その通信を受け取ったルータが、今度は右側の192.168.2.0/24のネットワークへと通信を転送していきます。しかし、今度はルータが宛先となるPC-BのMACアドレスが分からないため、ルータはPC-Bに対してARPを行いPC-BのMACアドレスを聞き出します。

　PC-BからのARP応答を受け取ったルータは、宛先MACアドレスを知ることができたので、L2ヘッダの宛先MACアドレスを「0000.1111.111B」に、送信元MACアドレスを「0000.1111.1112」に付け換えて通信を送り出していきます。4-4でも学んだ通り、IPアドレスは相手機器に届く最後まで変わることがありませんが、MACアドレスはネットワークが変わるごとに新しい送信元と宛先のMACアドレスに変わるということを、このARPの流れと併せて覚えるようにしましょう。

ネットワーク層の役割とIPアドレスの仕組み

図4-34 異なるネットワーク通信時のARP

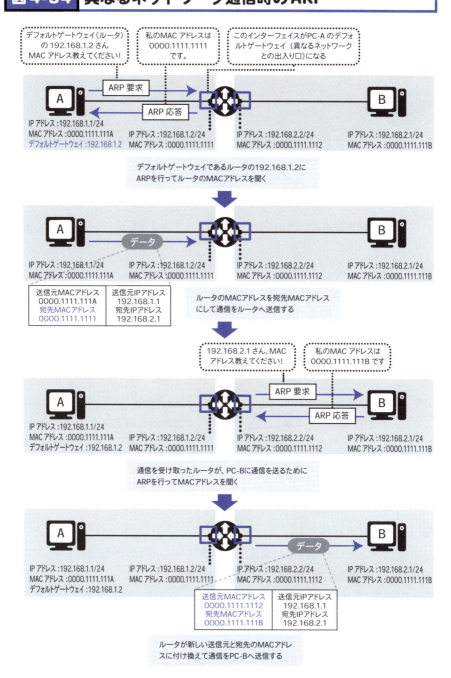

4-18 ［ネットワーク層のプロトコル］
ICMP

> **ざっくりいうと**
> ICMPは通信状態の確認などを行うプロトコル
> pingで通信の試し打ちを送ることで疎通確認ができる
> tracerouteで通信が通る経路が分かる

● ICMPとは

　ICMP（Internet Control Message Protocol）とはネットワーク上での通信状態の確認や通信エラー時のエラーメッセージの転送などを行うプロトコルになります。このICMPを使用した代表的なコマンドとして、pingとtracerouteがあります。

● ping

　pingはPCやネットワーク機器で実行できるコマンドで、指定した宛先の機器と通信ができるか（通信の到達性があるか）どうかを確認する際に使用されます。エコー要求（エコーリクエスト）とエコー応答（エコーリプライ）という2種類のICMPの通信を互いに送信し合うことで通信の疎通確認を行います。図4-35のように、PC-AからPC-B宛にpingコマンドを実行するとエコー要求が相手に送信され、そのエコー要求を受信したPC-Bは送信元へエコー応答を返信します。エコー応答が正常に返ってくれば相手と通信ができる状態であることが分かりますし、返ってこなければ相手と通信できない状態だと分かります。pingを実行することで簡単に相手機器への通信の「試し打ち」ができるため、ネットワーク障害が発生した際のトラブルシューティングなどに非常に役に立ちます。

● traceroute

　pingコマンドで宛先機器と通信ができる状態かどうかの確認はできますが、通信の経路が複数あった場合、通信がどの経路を通って宛先に届いたのかまでは知ることができません。それに対してtracerouteは指定した宛先機器に到達するまでに通過するルータのIPアドレスを一覧表示することができるコマンド[*]になります。そのため、通信が実際にどういう経路を通って相手機器まで届いているのかを確認することができます（図4-36）。

HINT [*] MacやCisco製の機器ではtracerouteコマンドですが、WindowsのPCではtracertコマンドになります。コマンドの綴りが若干異なりますので注意してください。

図 4-35　pingの動作

●ping が相手から返ってくる場合

●ping が相手から返ってこない場合

図 4-36　tracerouteの動作

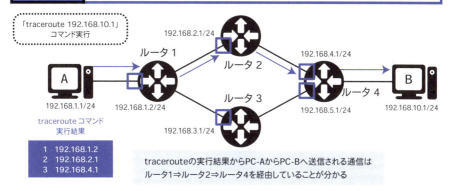

ワンポイントアドバイス　「ping <IPアドレス>」コマンドも「traceroute <IPアドレス>」コマンドも、通信を送りたい宛先のIPアドレスだけを指定することで実行可能です。4-16でお話しした、「私たちが通信を送る際は宛先IPアドレスだけを指定して送信」しているということが、ここからも分かりますね。

実際に体験してみよう！

pingとtracerouteを使ってみよう！

pingコマンドとtracerouteコマンドを実際に使ってみましょう。

■ STEP 1. pingコマンドを実行する

　コマンドプロンプトを立ち上げ（起動方法はP.39参照）「ping <宛先IPアドレス>」コマンドを実行します。MacのPCでもターミナルで同様のコマンドを実行することができます。翔泳社のWebサーバのIPアドレス「114.31.94.139」に対してpingを送信してみましょう＊。

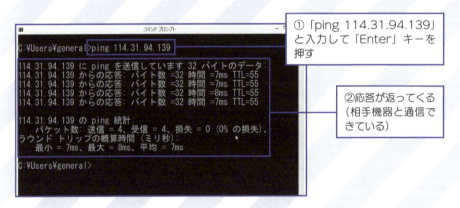

① 「ping 114.31.94.139」と入力して「Enter」キーを押す

② 応答が返ってくる（相手機器と通信できている）

　pingが成功している場合は上のように相手機器から応答が返ってきます。相手機器と通信ができる状態であることが分かります。

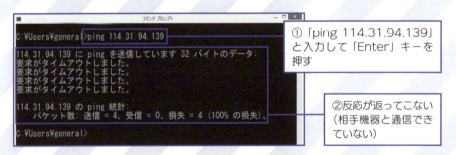

① 「ping 114.31.94.139」と入力して「Enter」キーを押す

② 反応が返ってこない（相手機器と通信できていない）

ネットワーク層の役割とIPアドレスの仕組み●

pingが何らかの原因で失敗している場合は左下の図のように相手機器から応答がなく、時間切れ（タイムアウト）などの表示になります。この結果から、相手と通信ができないことが分かります。

■STEP 2．tracerouteコマンドを実行する

コマンドプロンプトで「tracert <宛先IPアドレス>」コマンドを、MacのPCではターミナルで「traceroute <宛先IPアドレス>」コマンドを実行します。

※Windowsの機器ではコマンドが「tracert」なので注意してください。

先ほどと同様に、翔泳社のWebサーバ「114.31.94.139」に対して実行してみましょう。

①「tracert 114.31.94.139」と入力して「Enter」キーを押す

```
C:\Users\general>tracert 114.31.94.139

114-31-94-139.dnsrv.jp [114.31.94.139] へのルートをトレースしています
経由するホップ数は最大 30 です：

  1     1 ms    <1 ms    <1 ms  ntt.setup [192.168.1.1]
  2     3 ms     3 ms     3 ms  133.205.28.28
  3     5 ms     4 ms     4 ms  221.171.0.194
  4     6 ms     6 ms     7 ms  133.205.99.86
  5     6 ms     6 ms     8 ms  133.208.191.144
  6     6 ms     6 ms     6 ms  210.173.176.227
  7     6 ms     6 ms     6 ms  61.120.192.247
  8     6 ms     6 ms     6 ms  117.55.223.137
  9     7 ms     6 ms     6 ms  114.31.94.228
 10     7 ms     6 ms     7 ms  114-31-94-139.dnsrv.jp [114.31.94.139]

トレースを完了しました。

C:\Users\general>
```

②宛先機器に到達するまでに通過する経路（ルータのIPアドレス）を確認できる

このように宛先機器へ到達するまでに通過するルータのIPアドレスを調べ、実際に通信がネットワーク上のどの経路を利用しているのかを確認することができます。

＊もしpingを送信しても応答が返ってこない場合、P.226で実行している「nslookup www.shoeisha.co.jp」を実行してみてください。そちらで表示されたIPアドレス宛にpingを実行すると応答が返ってくるはずです（もちろんインターネットに接続している必要があります）。

159

問題に挑戦してみよう!

【問題】

Q1 以下の図のように社内LANに25台規模のネットワークを新しく作成することになりました。

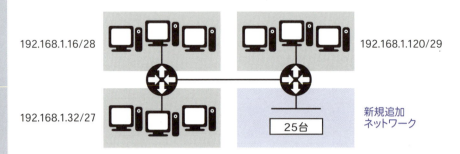

この新規に追加されるネットワークに割り当てることができる適切なネットワークアドレスを以下の中から1つ選択してください。

A. 192.168.1.64/26　　B. 192.168.1.64/27
C. 192.168.1.96/27　　D. 192.168.1.96/28

Q2 以下のように構成されたネットワークで、PC-AとPC-B間で通信をすることができません。

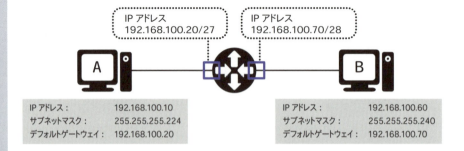

考えられる原因として正しいものを以下の中から選択してください。
A. PC-Aに設定されているデフォルトゲートウェイのIPアドレスに誤りがある

B. PC-Bのサブネットマスクの設定に誤りがある
C. PC-Aとルータの左側インターフェイスのIPアドレスが同じネットワークに属していない
D. PC-Bとルータの右側インターフェイスのIPアドレスが同じネットワークに属していない

Q3 以下のように構成されたネットワークで、PC-Bには172.16.60.1/21というIPアドレスが、ルータの赤枠部分のインターフェイスには該当ネットワークで割り当てることができる最小のIPアドレスが設定されています。

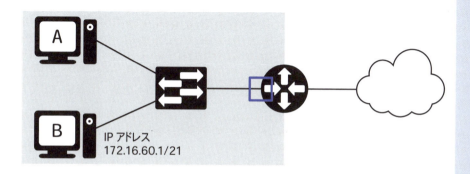

PC-Aに該当ネットワークで割り当てることができる最大のIPアドレスを設定する場合、PC-AのIPアドレス・サブネットマスク・デフォルトゲートウェイに設定すべき値を答えてください。サブネットマスクは10進数表記で記述してください。

IPアドレス　　　　　　　　（　　　　　　　　　）
サブネットマスク　　　　　　（　　　　　　　　　）
デフォルトゲートウェイ　　　（　　　　　　　　　）

Q4 ARPの動作について述べている以下の文章の（　）内に入る適切な用語を記入してください。

ARPは（　①　）アドレスから（　②　）アドレスを調べるためにコンピュータが自動的に行うプロトコルです。送信側は（　③　）という通信をブロードキャストで送信し、受信側は（　④　）という通信で自身の（　②　）アドレスをユ

ニキャストで返信します。（ ④ ）による返信を受け取った送信側は、学習した（ ① ）アドレスと（ ② ）アドレスの情報を（ ⑤ ）に登録するため、2回目以降の通信時に再度ARPを行わずに通信を送ることができます。

① (　　　　　　　　　)　　② (　　　　　　　　　)
③ (　　　　　　　　　)　　④ (　　　　　　　　　)
⑤ (　　　　　　　　　)

Q5 下記のIPアドレスのうち、グローバルIPアドレスに該当するアドレスをすべて選択してください。

A. 172.23.16.168　　　B. 192.169.91.223
C. 226.155.12.219　　D. 10.138.4.40
E. 172.42.88.210　　　F. 41.99.62.25

Q6 下記のIPv6アドレスの中で表記として正しいものを1つ選択してください。

A. 2001::3da7::0001
B. fe80:50ea:49:bd3:91a7:5108:cf59:4398:e31
C. 2001:1111:2222::1
D. fe80:59ae:192::4h13:5g90

【解答・解説】

 Q1 B　　　　　　　　　　　　　　　　→ 4-8、4-9

　LAN内で新しくネットワークを作成する場合、気を付けるべき点は①機器に割り振ることができるだけのIPアドレスが属するネットワークの大きさ（サブネットマスク）に設定すること②他のネットワークとIPアドレスの重複がないネットワークに設定することの2点です。この構成の場合、すでに他のネットワークで使用されているIPアドレスは以下の通りです。

　　左上のネットワーク　192.168.1.16/28 ⇒ 192.168.1.16 ～ 31

左下のネットワーク　192.168.1.32/27⇒192.168.1.32〜63
右上のネットワーク　192.168.1.120/29⇒192.168.1.120〜127
次にそれぞれの選択肢のネットワークアドレスからIPアドレスの範囲を求めます。
- A.　192.168.1.64/26⇒192.168.1.64〜127
- B.　192.168.1.64/27⇒192.168.1.64〜95
- C.　192.168.1.96/27⇒192.168.1.96〜127
- D.　192.168.1.96/28⇒192.168.1.96〜111

A、Cのネットワークアドレスでは IP アドレスの数は問題なく確保できますが、両方とも右上のネットワークと IP アドレスが重複してしまいます。D のネットワークアドレスでは IP アドレスの重複はありませんが、/28 では IP アドレスの数が少なく 25 台の機器を配置することができません。IP アドレスを問題なく確保でき、重複も起こらないネットワークアドレスは B だけとなります。

 D　　　　　　　　　　　　　　　　　　　　　　4-16、4-17

　PC-A、PC-B ともに設定されているデフォルトゲートウェイは、それぞれのルータのインターフェイスの IP アドレスになっていますので問題ありません。しかし、PC-B とルータの右側インターフェイスに設定されている IP アドレスからネットワークの範囲を求めてみると、矛盾が起こってしまっています。
　PC-B：192.168.100.60/28⇒192.168.100.48〜63 のネットワークに属する
　ルータ右側：192.168.100.70/28⇒192.168.100.64〜79 のネットワークに属する
　PC-B とルータの右側インターフェイスは同一ネットワークに属しているにもかかわらず、設定されている IP アドレスは異なるネットワークに属する IP アドレスになっており、矛盾が起こってしまっているので通信ができません。
　PC-B もしくはルータの右側インターフェイスの IP アドレスを変更して、同一ネットワークに属するようにすることで通信ができるようになります。

Q3　IP アドレス　172.16.63.254　　　　　　　　　　4-17
　　　　サブネットマスク　255.255.248.0
　　　　デフォルトゲートウェイ　172.16.56.1
　PC-B に設定されている IP アドレスからこのネットワークの範囲を求めると

172.16.56.0〜172.16.63.255ですので、ホストに割り当てることができるIPアドレスは172.16.56.1〜172.16.63.254となります。ここからルータのインターフェイスに設定されているIPアドレスは172.16.56.1であると分かります。

以上からPCに設定すべきIPアドレスは172.16.63.254、サブネットマスク/21を10進数に直すと255.255.248.0、デフォルトゲートウェイにはルータのIPアドレスを設定すればよいので、172.16.56.1になります。

---

①IP　　②MAC　　③ARP要求
④ARP応答　　⑤ARPテーブル（またはARPキャッシュ）

→ 4-16、4-17

Q5 B、E、F

→ 4-14

プライベートIPアドレスの範囲は以下の通りです。

　クラスA　　10.0.0.0〜10.255.255.255
　クラスB　　172.16.0.0〜172.31.255.255
　クラスC　　192.168.0.0〜192.168.255.255

選択肢A、DのIPアドレスはプライベートIPアドレスの範囲に該当しているため、グローバルIPアドレスではありません。また、選択肢CのIPアドレスはそもそもクラスDのアドレスのためマルチキャストアドレスになります。グローバルIPアドレスはクラスAからCの範囲の中で、プライベートIPアドレス以外になります[*]。

 C

→ 4-15

それぞれの選択肢を見ていきましょう。

A. ::を2回使用しているので、1回しか使用できないという省略のルールに適していません。
B. IPv6アドレスは全8フィールドです。9フィールドではビット数が多すぎます。
D. IPv6アドレスは16進数で表記されるため、使用されるアルファベットはa〜fまでですので誤りです。

選択肢Cは省略前の形に戻すと、2001:1111:2222:0000:0000:0000:0000:0001になります。省略のルールも問題がありませんので、正しい表記となります。

---

[*]127.0.0.0〜127.255.255.255の範囲のIPアドレスは「ループバックアドレス」と呼ばれ、自分自身を表す特殊なIPアドレスなので、機器に設定することもできません。そのため、この範囲のIPアドレスはプライベートIPアドレスにもグローバルIPアドレスにも含まれません。

5時間目

トランスポート層の役割

この章の主な学習内容

TCPとUDP
トランスポート層の主要プロトコルであるTCPとUDPの特徴、両者の違いについて比較しながら理解しましょう。

ポート番号
TCPとUDPの両プロトコルで共通して使用されるポート番号の役割や、実際にアプリケーションに割り当てられているポート番号を覚えましょう。

5-1 ［トランスポート層］
トランスポート層の概要

> **ざっくりいうと**
> 信頼性のある通信とは「正確に・確実に」通信を届けること
> 通信の順番の並べ替えや、相手に届かなかった通信を再送することで「正確に・確実に」という信頼性が確保されている

●トランスポート層の概要

　トランスポート層は「ノード間の通信における信頼性を確保し、セッションを確立するうえで必要なポート番号の割り当てを行う層」です。ここでは、通信の「信頼性」についてもう少し詳しく見ていきます。イーサネットやIPといったレイヤ3までのプロトコルの働きによって相手機器まで通信を送ることができますが、裏を返せば相手機器にまで通信を送ること「しか」できません。イーサネットやIPには正確に・確実に通信を届けるという信頼性のある通信の仕組みが備えられていないのです。そこで、レイヤ4のプロトコルの働きによって、「正確に」かつ「確実に」通信を相手に届けるという仕組みが実現されています。

●「正確に」かつ「確実に」通信を相手に届ける

　まず大前提として覚えておくべきことですが、通信回線には1度で送信可能なデータの最大サイズが決まっています*。そのため、データを送信する際にはその最大サイズを超えないように、細かく分割されて送信されていきます（図5-1）。
　「正確に」通信を相手に届けるということは、送信元が送った通信と宛先に届いた通信が完全に一致しているということです。通信は分割されて送信されるため、相手に届く際には順番がバラバラになってしまうことがあります。レイヤ4にはバラバラに届いた通信を元通りの順番に並べ替える仕組みがあるため、送信元が送った通信と完全に一致した通信を宛先に届けることができます（図5-2）。
　「確実に」通信を相手に届けるということは、送信元が送った通信を漏れなく宛先に届けるということです。障害などが発生すると、分割されたデータの一部が相手に届かないことがあります。レイヤ4には相手に通信が届いたかどうかを確認する仕組みがあるため、届かなかった通信を再送し、確実に通信を相手に届けることができます（図5-3）。

> **HINT** *1度に送信可能なデータの最大サイズをMTU（Maximum Transmission Unit）と呼びます。例えばイーサネットではMTUのサイズが1500バイトと決められています。

トランスポート層の役割●

図 5-1　通信は分割されて送信される

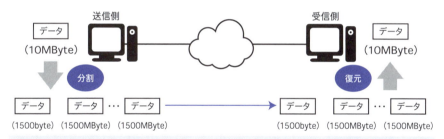

イーサネットでは1度に送信可能なデータサイズが1500byteと決まっているため、1500byteずつの小さいデータに分割されて送信される。受信側はその分割された通信をつなぎ合わせて、元のデータを復元する

図 5-2　「正確に」通信を届ける

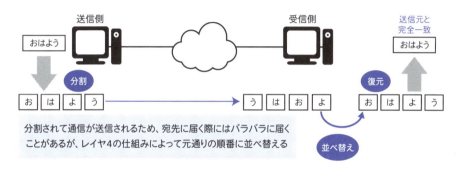

分割されて通信が送信されるため、宛先に届く際にはバラバラに届くことがあるが、レイヤ4の仕組みによって元通りの順番に並べ替える

図 5-3　「確実に」通信を届ける

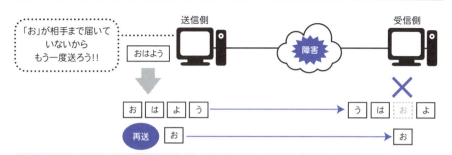

障害などが発生して一部データが届かなかった場合、レイヤ4の仕組みによって届かなかったことを検知できるので、データを再送できる

5-2 ［トランスポート層］ TCP と UDP

> トランスポート層には「TCP」と「UDP」という2つのプロトコルがある
> TCPは信頼性があって丁寧だが、その分転送速度が遅い
> UDPは信頼性がなくて雑だが、その分転送速度が速い

●トランスポート層の2つのプロトコル

　レイヤ2ではイーサネット、レイヤ3ではIPというプロトコルについて学習しましたが、レイヤ4にはTCP（Transmission Control Protocol）とUDP（User Datagram Protocol）という2つの主要なプロトコルがあります。この2つは、上位層で用いられるプロトコルによって、TCPとUDPのどちらを用いるかの使い分けがされています。例えばWeb通信を行うHTTPや、メールを送信するSMTPなどのプロトコルはTCPが用いられ、動画のストリーミング配信やIP電話＊などはUDPが用いられています（図5-4）。

●TCPとUDP

　TCPとUDPの違いは、信頼性のある通信ができるかどうかです。5-1では「レイヤ4のプロトコル＝信頼性のある通信」のように説明しましたが、実はTCPだけが信頼性のある通信ができ、UDPは信頼性のある通信ができないプロトコルになります。つまりHTTPやSMTPなどの通信は正確に・確実に相手に通信を届けることができますが、動画のストリーミング配信やIP電話などでは、正確に・確実に相手に通信を届けることができません。

　ここまでの話だと、TCPを使う通信が良い通信で、UDPを使う通信は悪い通信のように感じるかもしれませんが、決してそのようなことはなく、それぞれにメリットとデメリットがあります。TCPはもちろん信頼性のある通信ができることがメリットですが、受け取りの確認などを行う分、通信速度がUDPよりも遅くなってしまうというデメリットがあります。それに対してUDPは、通信の信頼性がないというデメリットはありますが、その分高速に通信を相手まで届けることができます。それぞれに長所と短所があるため、上位層のプロトコルがどちらを重視するのかによって、TCPとUDPの使い分けがされています。

HINT　＊IP電話は音声データをパケットに変換し、TCP/IPネットワーク網を利用してやり取りを行います。

トランスポート層の役割●

図5-4　TCPとUDPの違い

●レイヤ4にTCPを使う通信

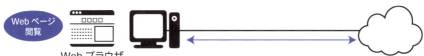

カプセル化の流れ

L7	それぞれの
L6	プロトコル
L5	
L4	TCP
L3	IP
L2	イーサネット
L1	

HTTPやSMTPなどのプロトコルは
L4にTCPを使用する。
L3はもちろんIP、L2・L1は
イーサネットを使用する

●レイヤ4にUDPを使う通信

カプセル化の流れ

L7	それぞれの
L6	プロトコル
L5	
L4	UDP
L3	IP
L2	イーサネット
L1	

動画のストリーミング通信や
IP電話を使った通話では、L4に
UDPを利用する。L3以下の
プロトコルはTCPもUDPも共通

ワンポイントアドバイス　TCPとUDPの違いを押さえておきましょう。
TCP：信頼性がある通信ができるが、その分転送速度が遅い
UDP：信頼性がある通信はできないが、その分転送速度が速い

5-3 ［トランスポート層］
TCPとUDPの使い分け

Web通信やメール通信のように確実性が重視される通信はTCP
ストリーミング通信のようにリアルタイム性が重視される通信はUDP
TCPは信頼性を確保するためにいろいろなことをやるプロトコル

●TCPとUDPの使い分け

　TCPとUDPのそれぞれの長所と短所は、表5-1のように分類することができます。例えばWeb通信では、多少速度が遅くなったとしても、より正確に・確実に通信を行う方が重視されます。自分がWebページを閲覧するときを想像してみてください。たとえ数秒程度表示が遅れたとしても、「少し遅いな」くらいであまり気にも留めないと思います。メール通信も同様で、数秒届くのが遅れたからといって、影響はほとんどありません。それよりも、内容を正確に・確実に相手に届ける方が重要なので、TCPが使用されています。

　それに対して、動画のストリーミングやIP電話では、よりリアルタイム性のやり取りが重視されます。ストリーミングの代表的なサービスにライブ配信があります。ライブ配信を見ていたら、途中で画面がフリーズしてしまい、元に戻ったときには十数秒先に進んでいたといった経験はありませんか。止まっている時間は、簡単にいってしまえば通信が失敗して受信できていない時間です。このようにストリーミングでは、受信できなかった部分は受信できなかったで切り捨て、それよりもリアルタイム性の方が重視されます。そのため、信頼性のある通信ができるTCPよりも、信頼性はなくても高速に通信ができるUDPが使用されています（図5-5）。

●信頼性を確保するためにTCPが行うこと

　TCPとUDPを比較すると、TCPは信頼性を確保するために、いろいろ実行する分転送速度が遅いプロトコル、UDPはTCPがいろいろ実行していることを一切実行しない代わりに、転送速度が速いプロトコルです。このTCPが「いろいろ実行すること」には、コネクション確立・順序制御・確認応答・フロー制御などがあります。これらを行うことで、TCPは信頼性を確保しています（図5-6）。

表5-1 TCPとUDPの長所と短所

	TCP	UDP
長所	信頼性のある通信ができる	転送速度が速い
短所	転送速度が遅い	信頼性のある通信ができない
使用するプロトコル	HTTP SMTP など	ストリーミング通信 IP電話 など

図5-5 TCPとUDPの使い分け

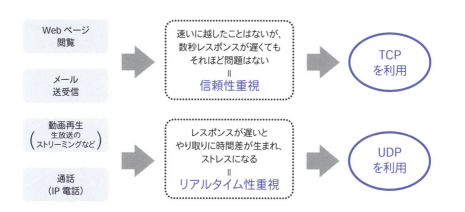

図5-6 TCPによる信頼性の確保

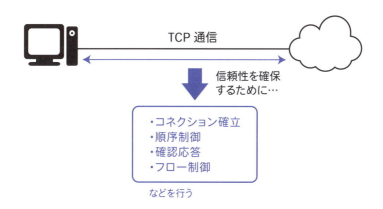

5-4 ［トランスポート層］
3ウェイハンドシェイクによるコネクション確立

> **ざっくりいうと**
> TCPはコネクションを確立してから通信の送信を始める
> 3ウェイハンドシェイクという方法でコネクションを確立する
> 3回のやり取りを行うから「3ウェイ」ハンドシェイクという

●コネクションの確立

　TCPでは、通信を行う前に相手機器とコネクションの確立を行います。送信側の都合でいきなり通信を送るのではなく、宛先機器が通信を受信できる状態なのかを確認し、受信できる状態であれば送信を開始します（図5-7）。そのため、相手が受信できずに通信が失敗するといったことを防ぐことができます。このようにTCPは相手とコネクションを確立してから通信を送るため、コネクション型プロトコルに分類されます。反対にUDPはコネクションの確立を行いません。受信側が通信を受信できない状態でもお構いなしに通信を送信するため、UDPはコネクションレス型プロトコルに分類されます。

●3ウェイハンドシェイク

　TCPでの通信時において送信側と受信側では3ウェイハンドシェイクという方法を用いてコネクションの確立を行います。3ウェイハンドシェイクは以下の3回のやり取りで構成されています（図5-8）。

①送信側から受信側へ「SYN」メッセージを送る
「SYN」メッセージは「通信を送りたいけど準備OK？」といった内容です。

②受信側から送信側へ「SYN＋ACK」メッセージを送る
「ACK」メッセージは「SYN」メッセージに対する応答で、「準備できています」という内容です。さらに受信側からも送信側に対して「準備OK？」と問いかけるため、「SYN」と「ACK」の両方の内容を含んだ応答を返します。

③送信側から受信側へ「ACK」メッセージを送る
受信側から「SYN」メッセージが送られてきたので送信側も「ACK」で応答します。
　3ウェイハンドシェイクを行うことで、双方の準備が整っていることが確認でき、コネクションが確立されます。コネクション確立後に通信を開始します。

トランスポート層の役割

図5-7　コネクションの確立

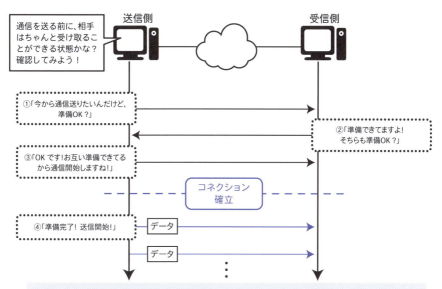

コネクション型プロトコルに分類されるTCPでは、通信をいきなり相手に送信するのではなく、その前に準備段階としてまずコネクションの確立を行う。
送信側と受信側で、通信をやり取りする準備が整っているのかをお互いに確認している

図5-8　3ウェイハンドシェイクによるコネクション確立

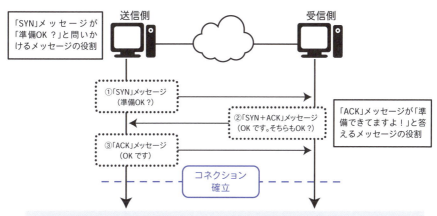

TCPでは通信を行う前に3回のやり取りを通してコネクションを確立する。両機器が3回のやり取りでがっちり「握手」をしてコネクションを確立するので、「3ウェイハンドシェイク」と呼ぶ

5-5 [トランスポート層] シーケンス番号による順序制御とACKによる確認応答

> **ざっくりいうと**
> TCPはシーケンス番号という「通し番号」を付けて順番を管理する
> ACKを返送することによって通信が届いた・届いていないが分かる
> 届いていない通信は相手に再送する

　ここでは、5-1でも紹介した「通信を元通りの順番に並べ替える」仕組みと、「通信を再送する」仕組みについてもう少し詳しく見ていきます。

●シーケンス番号による順序制御

　分割されてバラバラに送られてきた通信を元通りの順番に並べ替える仕組みを順序制御と呼び、この仕組みにはシーケンス番号が用いられます。シーケンス番号は「通信の通し番号」と考えると、とても分かりやすいです。

　TCPでは送信側の機器は分割したそれぞれのデータに対して、先頭から順番にシーケンス番号を割り振り送信します。受信側は通信がバラバラにやってきたとしても、シーケンス番号をもとに順序を並べ替えるだけで、通信を簡単に復元することができます（図5-9）。

●ACKによる確認応答と再送処理

　TCPでは分割された通信が相手に届くたびに、受信側の機器は「通信をちゃんと受け取ることができましたよ」といった役割をする確認応答（ACK）を送信側に返します。この確認応答を返す仕組みがあることによって、送信側の機器は自身が送った通信がちゃんと届いているのか・届いていないのかを知ることができます。

　例えば送信側が通信を送っている際に、途中で障害が発生していて3番の通信が届かなかったとします。その場合、もちろん受信側の機器は3番の通信を受信していないので、それに対するACKを返しません。その結果、送信側の機器は3番のACKが返ってこないため、送信側は相手に届いていないと判断し、そのシーケンス番号の通信を再度送信することができます（図5-10）。

　シーケンス番号による順序制御も確認応答を使用した再送処理も、信頼性のある通信を行うTCPだけの仕組みです。UDPにはこのような仕組みはありません。

トランスポート層の役割●

図5-9　シーケンス番号による順序制御

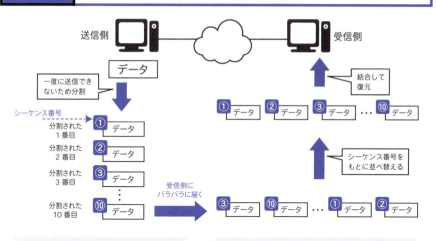

図5-10　ACKによる確認応答と再送処理

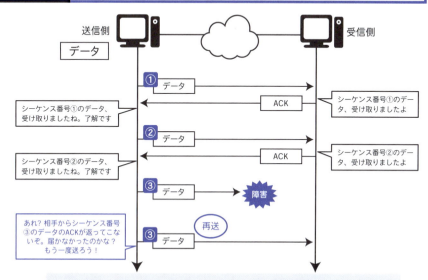

175

5-6 ［トランスポート層］ウィンドウサイズによるフロー制御

> **ざっくりいうと**
> 受信側はやってきた通信を1度バッファに保存する
> バッファが一杯になると、通信はそれ以上受信できない
> バッファから溢れないようにウィンドウサイズを伝えて調整する

●フロー制御

　受信側のコンピュータは、通信を受信すると、そのデータをバッファというメモリの中に一時的に保存して順次処理していきます。そのため、バッファの中が受信したデータで一杯になってしまうと、それ以上の通信が送られてきても保存することができず、破棄してしまいます。コップから水が溢れてしまうようなイメージを想像すると分かりやすいですね（図5-11）。

　TCPでは、このように受信側でバッファからデータが溢れてしまうことがないように、フロー制御を行います。フロー制御は受信側のバッファからデータが溢れるのを抑える仕組みで、ウィンドウサイズという値を用いて制御を行っています。

●ウィンドウサイズによるフロー制御の仕組み

　ウィンドウサイズとは、一度に受信することができる最大データサイズを指します。ウィンドウサイズを受信側の機器から送信側の機器へ伝えることで、送信側から送られてくる通信量を制御することができます。

　ウィンドウサイズの値は、通信を開始する前の3ウェイハンドシェイクの際に最初に受信側から送信側に伝えられ、送信側はそのウィンドウサイズのデータ量を超えないように通信を送信していきます。しかし、受信側が複数の機器と通信を行っていたりすると、処理するデータ量よりも受信するデータ量が上回り、バッファの空き容量が少なくなってしまうことがあります。その場合は、ウィンドウサイズの値を小さくして再度送信側に伝えることで、送信側から送られてくるデータ量を調整します。

　通信の受信側の機器が、バッファに余裕があるときはウィンドウサイズの値を大きくして大量の通信を受信し、バッファに余裕がなくなってきたらウィンドウサイズの値を小さくしてバッファから溢れないようにするといった調整を行うことで、効率良く通信を受信し、かつバッファから溢れないフロー制御を行っています（図5-12）。

トランスポート層の役割●

図 5-11　オーバーフローのイメージ

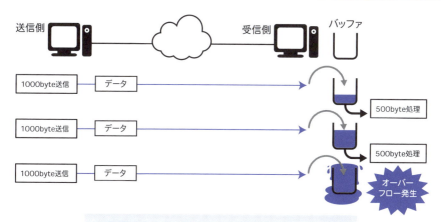

送信側からやってくる通信量の方が受信側が処理する通信量より多かった場合、バッファの中にデータが溜まる一方になってしまう

図 5-12　ウィンドウサイズによるフロー制御

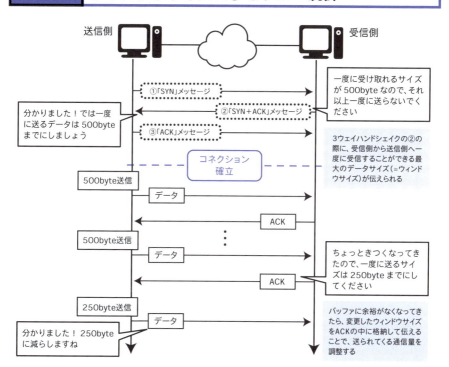

5-7 ［トランスポート層］ポート番号の役割

> **ざっくりいうと**
> ポート番号はTCPでもUDPでもどちらでも使われる
> コンピュータ内部の部屋番号のようなイメージ
> ポート番号で「コンピュータ内部の部屋宛」へ送ることができる

●ポート番号の役割

　3-7や4-4で述べたように、MACアドレスやIPアドレスはその機器のNIC部分に設定されているアドレスです。そのため、レイヤ3までの通信の仕組みでは、厳密にいうとその機器のNICまでしか到達することができません。しかし、実際の通信はコンピュータのもっと内部のアプリケーション間のやり取りになります。そのアプリケーションを識別する役割をするのがポート番号です（図5-13）。これまで説明したコネクション確立・順序制御・確認応答・フロー制御といった仕組みは、信頼性確保のためにTCPのみが行い、UDPは行わないものでしたが、ポート番号はTCPもUDPもどちらの通信でも使用されます。

●ポート番号を使った通信の仕組み

　例えば図5-14のように、Webサーバとしてもメールサーバとしても動作しているサーバがあるとします。この2つのアプリケーションはそれぞれ全く別物ですので、内部では処理する領域が異なります。サーバ内部でWeb通信（HTTP）を処理する部屋と、メール通信（SMTP）を処理する部屋が分かれているイメージです。そしてその部屋に割り当てられている部屋番号の役割をするのがポート番号になります。詳しくは次節で解説しますが、HTTPはポート番号80、SMTPはポート番号25のように、よく使用されるアプリケーションは固定のポート番号が割り当てられています。そのため、PCからサーバにHTTP通信を行う際には、レイヤ4ヘッダの宛先ポート番号には80番が、SMTP通信を行う際には25番が格納されて送信されます。通信はレイヤ3までのMACアドレス・IPアドレスを使用してそのコンピュータの玄関口であるNIC部分まで到達することができ、レイヤ4のポート番号を使用することで、さらに先のコンピュータ内部にあるアプリケーションの部屋へと運ばれるという仕組みになっています。

トランスポート層の役割●

図5-13 ポート番号の役割

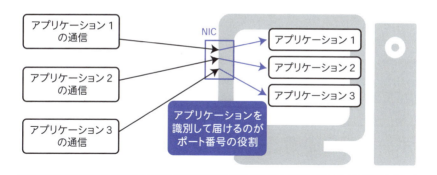

MACアドレスとIPアドレスの仕組みによって機器の玄関口であるNICまでやってきた通信は、ポート番号によってどのアプリケーションの通信かが識別され、機器内部の該当するアプリケーションへと運んでくれる。

図5-14 Webサーバ兼メールサーバの通信

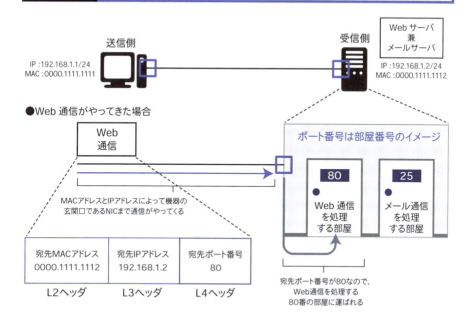

ワンポイントアドバイス　ポート番号はコンピュータ内部でアプリケーションごとに分かれている部屋に付けられた部屋番号と考えると分かりやすいでしょう。ポート番号によって、コンピュータ内部の適切なアプリケーションへと通信が運ばれます。

5-8 ［トランスポート層］ポート番号の構造とウェルノウンポート

> **ざっくりいうと**
> ポート番号は0〜65535まで
> そのうち1023までは「ウェルノウンポート」と呼ぶ
> 主要なアプリケーションにはポート番号が割り当てられている

●ポート番号の構造とウェルノウンポート

　ポート番号は16ビット（2バイト）の2進数の値で構成され、0〜65535までの範囲で割り振られます。そのうち1023番まではウェルノウンポートと呼ばれています。ウェルノウンポートは、その名の通り「よく知られているポート」という意味です。5-7でも述べたように、一般的によく使用される主要なアプリケーションには、ウェルノウンポートの中から決められたポート番号が1つ割り当てられています（表5-2）。

　ウェルノウンポートによって1つに決められていなければ、世界中のWebサーバで使用するポート番号がバラバラになってしまいかねません。そうすると、PCから見れば相手のどのポート番号へ通信を送ればいいのかが分からず、通信が成り立ちません。「HTTP通信は80番ポートを使う」という世界共通のルールで定められていることによって、PCは「HTTP通信だから相手の80番ポートに送ればいい」というように機械的に処理できるようになっています。

●送信元ポートはランダムに決められる

　このように、通信の宛先ポート番号はあらかじめ決められているポート番号が使用されて送信されますが、送信元のポートはPCでそのときに使用していない、空いているポート番号がランダムに使用されます。

　例えば図5-15のように別々のウィンドウでWebブラウザを開き、異なるWebサイトを閲覧した場合、左右のブラウザではそのときに使用していないポート番号が自動的に割り当てられて通信が送受信されます。送信元のポート番号によってそれぞれどちらのブラウザから送信された通信なのかが分かるため、Webサーバから返ってくるWebページは正しい方のブラウザに表示されます。それぞれのWebページが左右逆の画面に表示されるといったことは起こりません。

表5-2 代表的なウェルノウンポート一覧

●代表的なTCPのウェルノウンポート

ポート番号	プロトコル	説明
20、21	FTP	ファイル転送の際に使用するプロトコル
23	TELNET	暗号化していないリモート接続を行う際に使用するプロトコル
25	SMTP	メールをメールサーバへ送信する際に使用するプロトコル
80	HTTP	Web通信を行う際に使用するプロトコル
110	POP3	メールをメールサーバから受信する際に使用するプロトコル
143	IMAP	メールをメールサーバから受信する際に使用するプロトコル
443	HTTPS	暗号化されたWeb通信を行う際に使用するプロトコル

●代表的なUDPのウェルノウンポート

ポート番号	プロトコル	説明
53	DNS	URLやメールアドレスのドメイン名とIPアドレスを紐付けるプロトコル
67、68	DHCP	IPアドレスなどのネットワーク情報を自動で割り当てるプロトコル
123	NTP	時刻を自動で同期するプロトコル

図5-15 送信元のポート番号

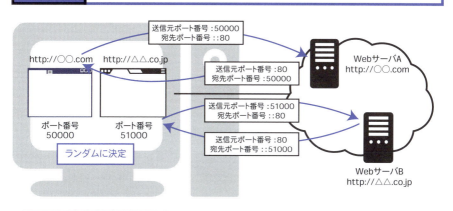

5-9 ［トランスポート層］セグメント・データグラムのフォーマット

TCP の PDU は「セグメント」、UDP の PDU は「データグラム」という
TCP は信頼性を確保するために、ヘッダに多くの情報が格納されている
UDP は何もしないプロトコルなのでヘッダの構造は単純

2-10でも述べましたが、レイヤ4にはTCPとUDPという役割の異なる2つのプロトコルがあるため、PDUの名称もセグメントとデータグラムというように区別されています。それぞれのヘッダのフォーマットを確認しましょう。

●セグメントのフォーマット

TCPでは、上位層から渡されたデータにTCPヘッダを付加してセグメントを作り上げます。TCPヘッダには送信元と宛先のポート番号はもちろん、信頼性を確保するために使用される様々なフィールドが用意されています。3ウェイハンドシェイクを行うために必要な情報が格納されているフラグ、順序制御を行うためのシーケンス番号、確認応答を行うためのACK番号、フロー制御を行うためのウィンドウサイズなどです。TCPはUDPに比べて転送速度が遅いというデメリットに加えて、ヘッダに多くの情報が格納されていることから、UDPに比べ処理にかかる負荷が大きくなるというデメリットもあります（図5-16）。

●データグラムのフォーマット

UDPでは、上位層から渡されたデータにUDPヘッダを付加してデータグラムを作り上げます。UDPヘッダはTCPヘッダと比べて単純な構造になっており、送信元と宛先のポート番号は格納されていますが、フラグ・シーケンス番号・ACK番号・フロー制御などのフィールドはありません。UDPは信頼性のある通信を行わないので、そのような情報が必要ないのです。そのためヘッダサイズも、TCPヘッダが20バイトであるのに対して、UDPヘッダは8バイトしかありません。ヘッダの情報量がTCPより少ないため、処理にかかる負荷も小さくなるというメリットがあります（図5-17）。TCPとUDPの違いをまとめると、表5-3のようになります。両プロトコルの違いを比較しつつ、特徴を覚えてください。

図 5-16　セグメントのフォーマット

```
         L4ヘッダ（TCPヘッダ）    上位層のデータ（メッセージ）
ヘッダの先頭
         ┌─────────────────────┬─────────────────────┐
         │    送信元ポート番号   │    宛先ポート番号    │
         ├─────────────────────┴─────────────────────┤
         │              シーケンス番号                │
         ├───────────────────────────────────────────┤
         │                ACK番号                    │
         ├──────────┬────────┬──────┬────────────────┤
         │ オフセット│  予約  │ フラグ│  ウィンドウサイズ │
         ├──────────┴────────┴──────┼────────────────┤
         │      チェックサム         │  緊急ポインタ   │
         ├───────────────────────────┴────────────────┤
         │            オプション（可変長）             │  ヘッダの末尾
         └────────────────────────────────────────────┘
```

●主なフィールドの役割

フィールド	説明
送信元・宛先ポート番号	送信元と宛先のアプリケーションを識別するポート番号の値
シーケンス番号	送信するデータの順序を管理するための値
ACK番号	確認応答に用いられる値
フラグ	3ウェイハンドシェイクによるコネクションの確立に使用されるSYNやACK、コネクションの切断に使用されるFINなどの値が格納されているフィールド
ウィンドウサイズ	一度に受信することができるデータサイズを受信側から送信側に通知する際に使用されるフィールド

TCPヘッダに存在する様々なフィールドによって信頼性のある通信ができる一方、処理にかかる負荷が大きくなる

図 5-17　データグラムのフォーマット

```
         L4ヘッダ（UDPヘッダ）    上位層のデータ（メッセージ）
ヘッダの先頭
         ┌─────────────────────┬─────────────────────┐
         │    送信元ポート番号   │    宛先ポート番号    │
         ├─────────────────────┼─────────────────────┤
         │    データグラム長     │    チェックサム      │  ヘッダの末尾
         └─────────────────────┴─────────────────────┘
```

UDPヘッダにはTCPヘッダに存在するフィールドがないため信頼性のある通信はできないが、その分処理にかかる負荷は小さく、高速な通信が可能

表 5-3　TCPとUDPの比較まとめ

	TCP	UDP
信頼性	高い	低い
速度	低速	高速
特徴	コネクションの確立 データの順序制御 確認応答による再送処理 ウィンドウサイズによるフロー制御 コネクション型	ヘッダが小さい 負荷が小さい 信頼性よりも通信速度を重視 コネクションレス型
使用プロトコル	HTTP、SMTPなど	動画のストリーミング、IP電話など

実際に体験してみよう！

自分のPCがやり取りしている通信を確認してみよう！

　PCやネットワーク機器から送受信される通信をキャプチャ（取得）して表示することができる「Wireshark」というアプリケーションがあります。ネットワーク上でトラブルが発生した際の原因究明や、通信の監視を行う際などに利用されます。Wiresharkはフリーソフトなので、インターネットから簡単にインストールして使用することができます。以下のサイトからさっそくインストールして、Web通信の流れを確認してみましょう。

Wireshark：https://www.wireshark.org/download.html
※ダウンロードおよびインストールの方法は本書では割愛します。
※本書執筆時点での最新版（バージョン2.6.6）を使用しています。

■STEP 1．Wiresharkを起動する

　Wiresharkを起動し、自身の使用しているネットワーク環境に合わせてイーサネットかWi-Fiを選択します。選択するとPCが行っている通信が上から下へリアルタイムで表示されます。「Source」欄には送信元IPアドレス、「Destination」欄には宛先IPアドレス、「Protocol」欄には通信のプロトコル、「Info」欄にはその通信の情報が表示されます。

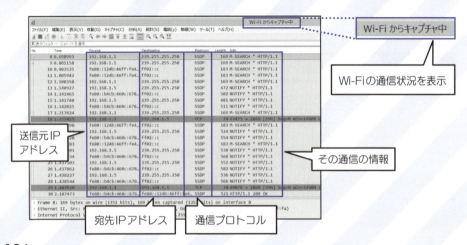

■STEP 2. 表示フィルタの設定をして通信を絞り込む

　画面上部の「表示フィルタ…」の枠内に「ip.addr==114.31.94.139」と入力して「Enter」キーを押します。そうすることで自身のPCと翔泳社のWebサーバ(IPアドレス114.31.94.139)間のやり取りのみに限定して表示することができます。ただし、この時点ではまだ翔泳社のWebページを閲覧していないので、通信が発生していません。

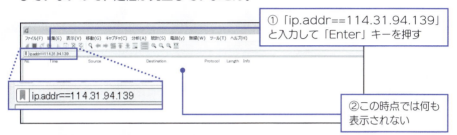

■STEP 3. 翔泳社のWebページにアクセスして通信を確認する

　実際に翔泳社のWebページ「https://www.shoeisha.co.jp/」にアクセスし、Wiresharkの画面に表示されている通信の内容を確認します。

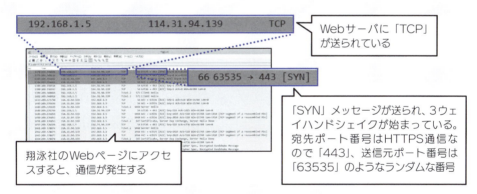

　一番上の通信を確認してみると「送信元:192.168.1.5(PC)」から、「宛先:114.31.94.139(Webサーバ)」へ「TCP」通信が送られていることが確認できます。また「Info」の欄を見てみると、「63535 → 443 [SYN]」と書かれていますので、最初に3ウェイハンドシェイクの「SYN」メッセージが送信されていることが分かります。また、HTTPS通信を行っているため宛先のポート番号が「443」に、送信元ポート番号は「63535」のようなランダムな番号になっていることが確認できます*。

* 実際に表示される送信元IPアドレスや送信元ポート番号は、使用しているPCによって異なります。

問題に挑戦してみよう!

【問題】

Q1 トランスポート層について述べている以下の文章の（　）内に入る適切な用語を記入してください。

　レイヤ4に分類されるトランスポート層には、（　①　）と（　②　）という2つの主要なプロトコルがあります。（　①　）は（　③　）を確保するために様々な仕組みが備わっているというメリットがありますが、その分転送速度が（　④　）というデメリットがあります。対して（　②　）は（　③　）を確保するための仕組みが一切ないというデメリットがありますが、その分転送速度が（　⑤　）というメリットがあります。動画のストリーミングやIP電話などのリアルタイム性が重視される通信は（　⑥　）を使用します。

① (　　　　　　　)　② (　　　　　　　)　③ (　　　　　　　)
④ (　　　　　　　)　⑤ (　　　　　　　)　⑥ (　　　　　　　)

Q2 TCPのコネクション確立について述べている以下の文章の（　）内に入る適切な用語を記入してください。

　TCPを使用する通信ではデータを送信し始める前に（　①　）というやり取りを行って（　②　）を確立します。（　①　）ではまず初めに送信側から受信側へ（　③　）メッセージというコネクション確立を要求するメッセージが送信されます。（　③　）メッセージを受信した受信側は送信側へ（　④　）メッセージを返します。このメッセージで送信側からのコネクション確立に応えるとともに、さらに受信側から送信側へコネクションの確立を要求しています。（　④　）メッセージを受信したデータの送信側は、最終的に（　⑤　）メッセージを受信側へ返すことでコネクションが確立されます。

① (　　　　　　　　　)　② (　　　　　　　　　)
③ (　　　　　　　　　)　④ (　　　　　　　　　)
⑤ (　　　　　　　　　)

トランスポート層の役割

 次のTCPヘッダとUDPヘッダのフィールドの中で空白の部分に当てはまる言葉を埋めてください。

● TCPヘッダ

(①) 番号		(②) 番号	
(③) 番号			
(④) 番号			
オフセット	予約	(⑤)	(⑥)
チェックサム		緊急ポインタ	
オプション(可変長)			

● UDPヘッダ

(⑦) 番号	(⑧) 番号
データグラム長	チェックサム

① (   ) ② (   )
③ (   ) ④ (   )
⑤ (   ) ⑥ (   )
⑦ (   ) ⑧ (   )

Q4 次のTCPとUDPのポート番号とそれに対応したプロトコルの表の空白の部分を埋めて完成させてください。

● TCPのポート番号

ポート番号	プロトコル	説明
20、21	(①)	ファイル転送の際に使用するプロトコル
(②)	TELNET	暗号化していないリモート接続を行う際に使用するプロトコル
25	(③)	メールをメールサーバへ送信する際に使用するプロトコル
(④)	HTTP	WEB通信を行う際に使用するプロトコル
110	POP3	メールをメールサーバから受信する際に使用するプロトコル
143	IMAP	メールをメールサーバから受信する際に使用するプロトコル
(⑤)	HTTPS	暗号化されたWEB通信を行う際に使用するプロトコル

● UDPのポート番号

ポート番号	プロトコル	説明
53	(⑥)	URLやメールアドレスのドメイン名とIPアドレスを紐付けるプロトコル
67、68	(⑦)	IPアドレスなどのネットワーク情報を自動で割り当てるプロトコル
123	(⑧)	時刻を自動で同期するプロトコル

① (　　　　) ② (　　　　) ③ (　　　　) ④ (　　　　)
⑤ (　　　　) ⑥ (　　　　) ⑦ (　　　　) ⑧ (　　　　)

Q5
左側に書かれている用語と右側に書かれている説明を、正しい組み合わせになるように線で結んでください。

3ウェイハンドシェイク ●	● やり取りしているアプリケーションを識別するための番号
シーケンス番号 ●	● 分割された通信を正しく並べ替えるために用いられる番号
確認応答 ●	● 一度に受信することができる最大のデータサイズ
ウィンドウサイズ ●	● 通信を行う前のコネクションを確立する際に行われる手順
	● データが届いたことを知らせるために受信側から送信側へ送信される。再送処理の判断に用いられる

Q6
LAN上のPCからメールを送信する際における一連のカプセル化の流れを、左側のプロトコルと右側のTCP/IPモデルの各層が正しい組み合わせになるように線で結んでください。

UDP ●	● アプリケーション層
SMTP ●	● トランスポート層
イーサネット ●	● インターネット層
TCP ●	● ネットワークインターフェイス層
HTTP ●	
ARP ●	
IP ●	

【解答・解説】

Q1　①TCP　②UDP　③信頼性　④遅い　⑤速い　⑥UDP　→ 5-2、5-3

TCPとUDPのそれぞれの特徴は以下のようになっています。

	TCP	UDP
長所	信頼性のある通信ができる	転送速度が速い
短所	転送速度が遅い	信頼性のある通信ができない
使用するプロトコル	HTTP SMTP など	ストリーミング通信 IP電話 など

Q2　①3ウェイハンドシェイク　②コネクション　③SYN　④SYN+ACK　⑤ACK　→ 5-4

TCPではデータを送信する前に3ウェイハンドシェイクという方法でコネクションを確立します。3ウェイハンドシェイクの流れは以下のようになっています。

①送信側から受信側へ「SYN」メッセージを送る

②送信側から受信側へ「SYN+ACK」メッセージを送る

③送信側から受信側へ「ACK」メッセージを送る

それぞれの順番を把握しておきましょう。

Q3　①送信元ポート　②宛先ポート　③シーケンス　④ACK　⑤フラグ　⑥ウィンドウサイズ　⑦送信元ポート　⑧宛先ポート　→ 5-9

TCPヘッダ内には通信の信頼性を確保するために、シーケンス番号・ACK・フラグ・ウィンドウサイズといったフィールドが存在しますが、UDPヘッダにはこれらのヘッダは存在しません。また、TCPヘッダとUDPヘッダのそれぞれの先頭のフィールドには共通して送信元ポート番号と宛先ポート番号が格納されています。

Q4　①FTP　②23　③SMTP　④80　⑤443　⑥DNS　⑦DHCP　⑧NTP　→ 5-8

Q5

→ 5-4、5-5

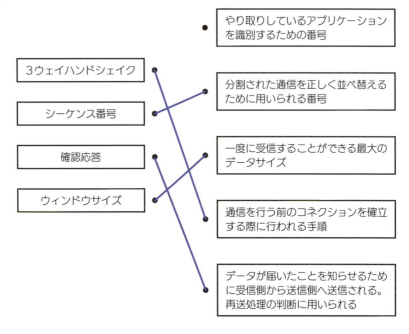

Q6

→ 5-2、5-7

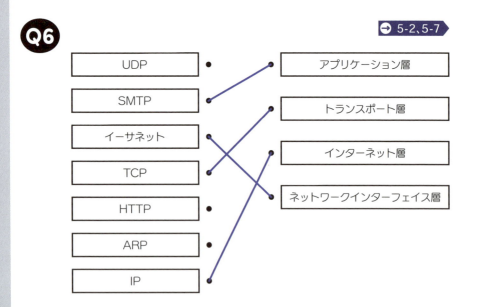

6時間目

スイッチングとルーティング

この章の主な学習内容

フィルタリング
スイッチが通信を転送する際のフィルタリング機能と、MACアドレステーブルの役割について理解しましょう。

ルーティング
ルータが通信を転送する際のルーティング機能と、ルーティングテーブルの役割について理解しましょう。

Cisco機器の設定
Cisco機器の特徴を理解したうえで、ルーティングの設定に必要なコマンドを覚えましょう。

[ネットワーク機器の比較]
6-1 ハブ・スイッチ・ルータ動作のおさらい

> ネットワーク機器は読み取れるアドレスによってレイヤが分類されている
> リピータハブはL1、スイッチはL2、ルータはL3に分類される

　ここでは、今まで学習してきたハブ（リピータハブ・スイッチングハブ）、スイッチ、ルータのそれぞれの動作について再確認していきます。

●リピータハブの動作

　リピータハブはレイヤ1に分類される機器で、主な役割は「電気信号の波形を整えて送り出す」ことです。通信のヘッダに格納されているアドレスを読み取ることができないため、やってきた通信を受信したポート（差込口）以外のすべてのポートから送り出すという動作を行います。そのため、通信の送り先ではない機器にまで通信が届いてしまい、ムダが多く効率の悪い通信をしてしまいます。

●スイッチ・スイッチングハブの動作

　スイッチとスイッチングハブはレイヤ2に分類される機器で、「レイヤ2アドレスを読み取って通信を転送する」ことができます。通信のレイヤ2ヘッダの中に格納されている宛先MACアドレスを読み取り、通信を送る機器だけにピンポイントで送信することができるため、リピータハブよりも効率の良い通信が可能です。この仕組みをフィルタリングといいます（図6-1）。

●ルータの動作

　ルータはレイヤ3に分類される機器で、「レイヤ3アドレスを読み取って通信を転送する」ことができます。通信のレイヤ3ヘッダに格納されている宛先IPアドレスを読み取り、次に送り出すネットワークを判断し通信を転送していきます。この仕組みをルーティングといいます。ルータは機器の特性上、ネットワークを分割し、ネットワークの境界に位置する機器になります。そのため、ルータは送られてきた通信のMACアドレスを付け換えて送り出すということも行います（図6-2）。

スイッチングとルーティング

図6-1　スイッチ・スイッチングハブの動作

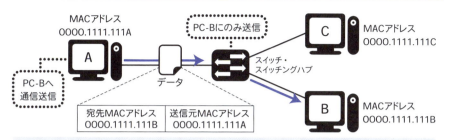

スイッチやスイッチングハブは宛先MACアドレスを読み取り、その宛先にだけピンポイントで通信を送信することができる（フィルタリング）

図6-2　ルータの動作

●ルーティング

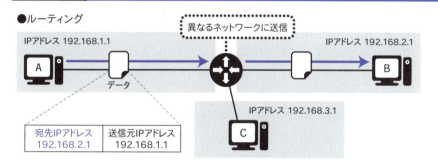

ルータは宛先IPアドレスを読み取り、通信を送り出すネットワークを判別し送信することができる（ルーティング）

●MACアドレス付け換え

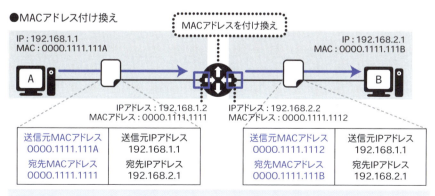

ルータがレイヤ2ヘッダのMACアドレスを新しいネットワーク用に付け換えて送信する

6-2 ［フィルタリング］
MACアドレステーブルの役割

スイッチとスイッチングハブは「MACアドレステーブル」を保持
MACアドレステーブルは「どの機器が」「どのポートの先に
つながっているか」が登録された一覧表

●MACアドレステーブルの役割

　スイッチやスイッチングハブはMACアドレステーブル*という、自身のポートとその先に接続されている機器のMACアドレスを対応付けた一覧表を保持しているため、接続している機器が自身のどのポートの先にあるのかを知ることができます。このMACアドレステーブルがあることによって、リピータハブのように全体にデータを送る必要がなく、宛先機器にだけピンポイントでデータを送るというフィルタリングの仕組みが可能になっているのです（図6-3）。

●フラッディング

　図6-3のように接続されているすべての機器のMACアドレス情報がMACアドレステーブルに載っている状態だと、それぞれの機器間で相互にピンポイントで通信をすることができます。
　しかし、スイッチやスイッチングハブの電源を入れた直後やケーブルで機器を接続した直後では、MACアドレステーブルは何も登録されておらず、空の状態となっています。MACアドレステーブルが空の状態では、どのポートの先にどの機器が接続されているのかが分からないので、いくらスイッチやスイッチングハブでも、宛先に対してピンポイントで転送することはできません。その場合は、リピータハブと同じように、受信したポート以外のすべてのポートから通信を複製して送り出します。この動作のことをフラッディングと呼びます（図6-4）。
　上記でも述べた通り、スイッチは起動後などの初期状態ではMACアドレステーブルが空の状態です。その状態から通信が何度かスイッチを経由するたびに、スイッチ自身が自動でMACアドレスを学習しMACアドレステーブルを作成していきます。その動作を次の節で確認していきましょう。

HINT　*Cisco製のスイッチは、CAM（Content Addressable Memory）というメモリを利用してMACアドレステーブルの高速検索を可能にしています。よって、Cisco製のスイッチではMACアドレステーブルのことをCAMテーブルと呼ぶこともあります。

図6-3　MACアドレステーブル

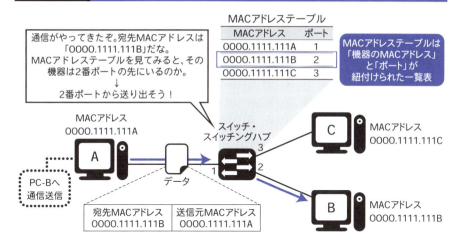

図6-4　フラッディング

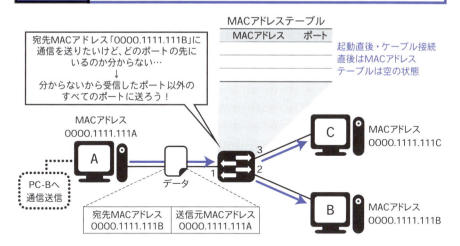

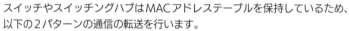

スイッチやスイッチングハブはMACアドレステーブルを保持しているため、以下の2パターンの通信の転送を行います。

- 通信の宛先MACアドレスがMACアドレステーブルに載っている場合：そのポートだけにピンポイントでデータを送信（フィルタリング）
- 通信の宛先MACアドレスがMACアドレステーブルに載っていない場合：どのポートの先に接続されているのか分からないので、受信したポート以外すべてへデータを送信（フラッディング）

6-3 ［フィルタリング］
MACアドレステーブルの作成

> **ざっくりいうと**
> MACアドレステーブルは最初は空の状態となっている
> 通信を受信すると送信元MACアドレスと受信ポートを紐付けて自動登録
> MACアドレステーブルに載っていれば通信をピンポイントで転送できる

● MACアドレステーブルの作成

　3台のPCがスイッチに接続されている構成で、MACアドレステーブルが作成されていく流れを確認していきましょう。初期状態のスイッチのMACアドレステーブルには何も登録されておらず、空の状態となっています。

　最初に、PC-AからPC-B宛に通信が送信されたとします。その通信のレイヤ2ヘッダ内には、もちろん送信元MACアドレスと宛先MACアドレスの情報が格納されています。スイッチは通信を受信すると、その送信元MACアドレスと受信した自身のポートを対応付けて自動的にMACアドレステーブルに登録します。次にスイッチは通信を宛先へと送り出していきますが、このときはまだPC-B（MACアドレス：0000.1111.111B）がどのポートの先に接続されているかをスイッチ自身は知らない（MACアドレステーブルに登録されていない）状態です。そのため、スイッチは通信をフラッディングして、受信した1番ポート以外のすべてのポートから送り出します（図6-5）。

　次に、PC-CからPC-A宛に通信が送信されたとします。この場合もスイッチは同じ動作をするので、受信した通信の送信元MACアドレスと受信した自身のポートを対応付けて、MACアドレステーブルに登録します。次にスイッチはPC-A（MACアドレス：0000.1111.111A）へと通信を送り出していきますが、このときスイッチはそのMACアドレスが1番ポートに接続されていることを知っている（MACアドレステーブルに登録されている）状態です。その場合は1番ポートからピンポイントでPC-Aへと通信を送り出します（図6-6）。

　通信がスイッチを経由するたびに、スイッチ自身が自動でMACアドレステーブルを作成していき、最終的にすべての機器のMACアドレスとポートが登録されたMACアドレステーブルが出来上がります。スイッチ自身が自動で作成してくれるため、私たちはスイッチを特に設定する必要はありません。

スイッチングとルーティング

図6-5　MACアドレステーブルの作成①

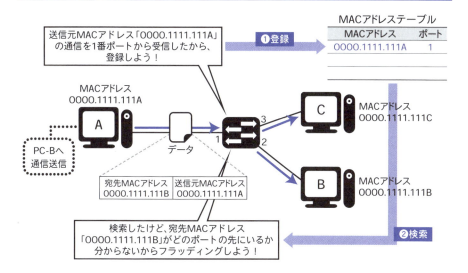

図6-6　MACアドレステーブルの作成②

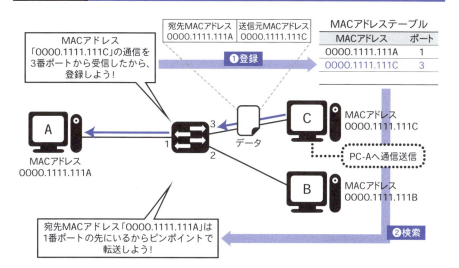

> **ワンポイントアドバイス**　スイッチやスイッチングハブは、通信を受信した際に送信元MACアドレスと受信したポートを紐付けてMACアドレスを自動的に作成していきます。

6-4 ［ルーティング］ルーティングテーブルの役割

> **ざっくりいうと**
> ルータは「ルーティングテーブル」を保持している
> ルーティングテーブルは「どのネットワークが」「どのインターフェイス or 経由するルータの先にあるか」が登録された一覧表

●ルーティングテーブルの役割

　ルータはルーティングテーブルという一覧表を保持しています。ルーティングテーブルには、宛先ネットワークが自身のどのインターフェイス（＝ポート）の先にあるのかといった情報や、宛先ネットワークが遠くにある場合は次にどのルータを経由すればいいのかといったルート情報が登録されています。ルータはこのルーティングテーブルの情報に従い、送られてきた通信を他のネットワークへと転送します。

　図6-7の構成でルーティングテーブルを確認してみましょう。ルータ1からすると、192.168.1.0/24のネットワークと192.168.2.0/24のネットワークは直接接続しているネットワークになるので、ルーティングテーブルには自身のどのインターフェイスの先にそのネットワークがあるのかが登録されています。

　それに対し、192.168.3.0/24のネットワークは、ルータ1からすると直接接続しているネットワークではありません。そのため、ルータ1は192.168.3.0/24のネットワーク宛の通信を受け取ると、次の中継地点であるルータ2へと転送していきます。そのために、ルーティングテーブルには次に送り届けるルータのIPアドレスが登録されています。この次に送り届けるルータのことをネクストホップ、そのIPアドレスのことをネクストホップアドレスと呼びます。

　ルーティングテーブルはMACアドレステーブルとは異なり、ルータによって自動で作成されることはありません。そのため、私たちは「ルータにルーティングテーブルを作成する」という設定を行う必要があります。

　また、スイッチはMACアドレステーブルに宛先が登録されていない場合、通信をフラッディングするため通信が破棄されることはありませんが、ルータの場合はルーティングテーブルに該当ルート情報が登録されていない場合、通信を破棄します（図6-8）。

図6-7 ルーティングテーブルの役割

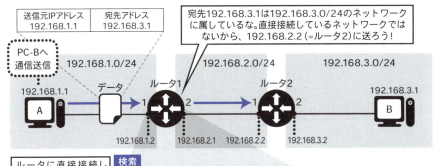

図6-8 ルーティングテーブルに載っていない場合

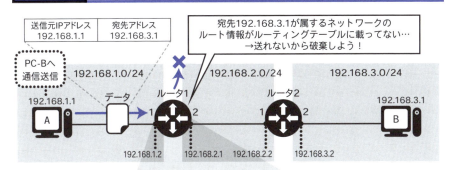

> **ワンポイントアドバイス**　スイッチはMACアドレステーブルに載っていない通信もフラッディングするので、通信を破棄しません。それに対して、ルータはルーティングテーブルに載っていない通信は破棄してしまいます。

6-5 ［ルーティング］
ルーティングテーブルの作成①

> **ざっくりいうと**
> ルーティングテーブルは、最初は空の状態
> インターフェイスの設定により、直接接続ネットワークが登録される
> インターフェイスの設定は「IPアドレスの設定」と「有効化」の2つ

●初期状態のルーティングテーブル

　6-4で、ルータはスイッチとは異なり、ルーティングテーブルが自動で作成されないため、私たちがルーティングテーブルを作成するための設定を行う必要があると述べました。したがって、ルータに設定をする前の初期状態では、ルーティングテーブルには何も登録されていない状態です（図6-9）。この状態では、もちろん通信を行うことができません。ルータにいくつかの設定を行うことで、PC-AとPC-Bは通信ができるようになります。

●インターフェイスの設定

　スイッチやスイッチングハブは通信を行うための設定が特に必要ないため、簡単にいうと「ケーブルを差せばつながる・使える」機器になりますが、ルータにはまずインターフェイスの設定を行う必要があります。インターフェイスの設定は具体的に2つの手順で、まず1つ目はIPアドレスを設定することです。ルータはネットワークの出入り口になるため、その出入り口に住所（＝IPアドレス）を必ず設定しなければなりません。2つ目はインターフェイスを有効化することです。Cisco製のルータは、起動直後の状態では機器自体は起動していても、それぞれのインターフェイスはダウン（シャットダウン）状態となっていて、たとえIPアドレスを設定しても通信ができない状態になっています。インターフェイスを有効化する（＝シャットダウンを解除する）ことで、初めてそのインターフェイスで通信の送受信が可能になります。

　インターフェイスの設定をすることで、それぞれのルータのルーティングテーブルに自身が直接接続しているネットワークの情報が登録されます（図6-10）。しかし、直接接続していないネットワークは、まだルーティングテーブルに登録されていません。6-6で紹介するルーティングの設定を行う必要があります。

図6-9 ルーティングテーブルの初期状態

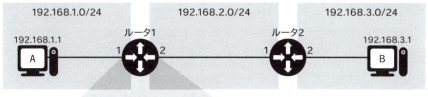

図6-10 インターフェイスの設定

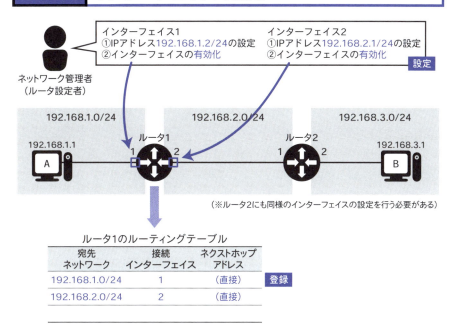

> **ワンポイントアドバイス**
> ルータのインターフェイスに、「①IPアドレスの設定」「②インターフェイスの有効化」という2つの設定を行うことで、初めてルーティングテーブルに直接接続したネットワークの情報が登録されます。

6-6 ［ルーティング］ルーティングテーブルの作成②

> **ざっくりいうと**
> インターフェイスの設定だけでは、直接接続していない離れたネットワークはルーティングテーブルに登録されない
> 「ルーティングの設定」をすることで登録される

●インターフェイスの設定だけを行ったときの通信

　6-5で説明したよう、にインターフェイスの設定だけを行った状態では、直接接続したネットワークしかルーティングテーブルに登録されていません。そのため、PC-AからPC-B宛に通信を送信したとしても、ルータ1は通信を破棄してしまい、相手に届くことはありません（図6-11）。

●ルーティングの設定

　インターフェイスの設定の次のステップとして、ルーティングの設定を行います。ルーティングの設定を行うことで、直接接続していないネットワークへのルート情報をルーティングテーブルに登録することができます。先ほどの例であれば、ルータ1に対して、「192.168.3.0/24のネットワークへ到達するには192.168.2.2という次のルータ（ネクストホップ）を経由する」という設定を行います。この設定を行うことで、ルータ1は192.168.3.0/24へ通信を転送するためのルートを知っている（ルーティングテーブルに登録されている）状態になり、通信は破棄されずにルータ2へと転送されます。

　ルータ2では、インターフェイスの設定を行った段階で直接接続している192.168.3.0/24のネットワークがルーティングテーブルに登録されているため、PC-Aからの通信は破棄されることなくPC-Bへと転送されていきます。

　しかし、この状態ではPC-AからPC-Bへの通信が届いても、逆のPC-BからPC-Aへは通信が届きません。ルータ2のルーティングテーブルに192.168.1.0/24のネットワークへのルート情報が登録されていないからです。

　そのため、ルータ2にも同様にルーティングの設定を行う必要があります。両ルータでルーティングの設定を行うことによって、PC-AとPC-Bが相互に通信することが可能になります（図6-12）。

図6-11 インターフェイスの設定だけを行ったときの通信

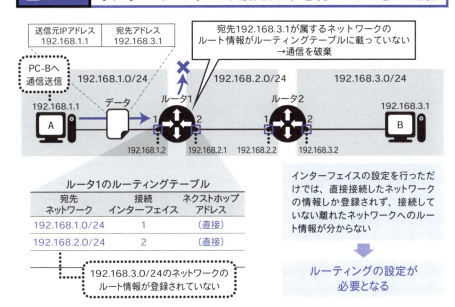

図6-12 ルーティングの設定

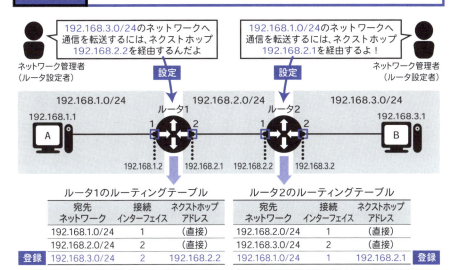

6-7 [ルーティング] スタティックルーティングとダイナミックルーティング

> **ざっくりいうと**
> ルーティングの設定方法は2種類存在する
> 人間が手動で設定する「スタティックルーティング」と、
> ルータが自動で作成する「ダイナミックルーティング」

ルーティングの設定にはスタティックルーティングとダイナミックルーティング*という2つの設定方法があります。それぞれの特徴を見ていきましょう。

●それぞれの特徴

スタティックルーティングは、設定を行う私たちが手動でルータのルーティングテーブルにルート情報を1つずつ登録していく方法になります。それに対しダイナミックルーティングは、設定を行うと、ルータ同士が自身の保持しているネットワーク情報を交換しながらルーティングテーブルを自動的に作成・登録していく方法になります。ルーティングテーブルの作成を、人間が手動で行うからスタティックルーティング、ルータに自動で行ってもらうからダイナミックルーティングと覚えましょう（図6-13）。

●それぞれのメリット・デメリット

スタティックルーティングのメリットは人の手で設定を行い、ルータはその設定に従うだけなので、ルータにかかる負荷が小さくなります。また情報交換も行わないため、帯域の消費を抑えることが可能です。一方デメリットは手動で設定を行うため、障害発生時にルート変更が自動で行われないことや、登録するルート情報の数が多いと、それだけ管理にかかる手間が多くなってしまうことです。

それに対してダイナミックルーティングのメリットは、ルータにルーティングテーブルの作成を任せる形になるので、私たちの管理にかかる手間を抑えることができ、さらに自動で最適なルートをルーティングテーブルに登録してくれることです。また、障害などが発生した際にもその情報がルータ同士で共有され、ルーティングテーブルの変更も自動で行ってくれます。一方デメリットは、ルータにかかる負荷が大きくなることや、情報交換に帯域を消費してしまう点が挙げられます。

HINT *スタティックは「手動・静的」、ダイナミックは「自動・動的」という意味です。

図6-13 スタティックルーティングとダイナミックルーティング

●スタティックルーティング設定のイメージ

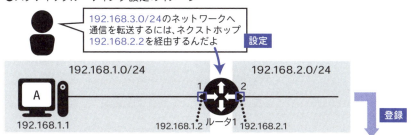

私たちが設定で入力した内容がそのままルーティングテーブルに反映されて登録される。宛先ネットワーク・ネクストホップアドレスなど、必要な情報を私たちが手動で設定する

※スタティックルーティングで設定した場合はネクストホップアドレスだけが登録される

●ダイナミックルーティングの設定のイメージ

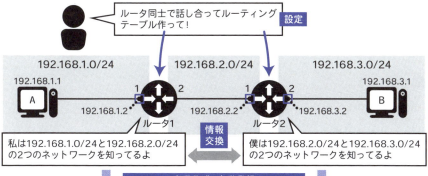

※ダイナミックルーティングで設定した場合は、接続インターフェイスもネクストホップアドレスも登録される

ダイナミックルーティングの設定を行うと、ルータ同士が情報を交換し合って自動的にルーティングテーブルを作成してくれる。スタティックルーティングのように「○○のネットワークへ通信を送信するには、ネクストホップ△△を経由する」といったことを私たちが考えて設定する必要はない

6-8 [ルーティング] ダイナミックルーティングの用語

> **ざっくりいうと**
> ルーティングプロトコルは「RIP」「OSPF」「EIGRP」の3種類
> メトリックは「最適ルートを選ぶための判断要素」を、コンバージェンスは「ルーティングテーブルが完成し終わった状態」を指す言葉

6-7のスタティックルーティングとダイナミックルーティングの特徴をまとめると表6-1のようになります。ここでは、まずダイナミックルーティングで共通して用いられる用語について見ていきます。

●ルーティングプロトコル

ダイナミックルーティングには、ルータ同士がどのような情報を・どのようなタイミングで交換するかといった仕組みが必要になります。そこで、いくつかのルーティングの仕組み、つまりルーティングプロトコルが策定されました。ルーティングプロトコルにはRIP、OSPF、EIGRPといった複数の種類が存在します。この3つの特徴は6-9で解説します。

●メトリック

前節でも述べたように、ダイナミックルーティングで設定を行うと、作成されるルーティングテーブルには宛先ネットワークへの最適なルートが登録されます。それぞれのルーティングプロトコルでは、「何を基準にして最適か」を判断する要素が異なります。その判断要素のことをメトリックと呼びます。

例えば、RIPでは宛先ネットワークに対して経由するルータの数が最も少ないルートが最適なルートと判断されます。またOSPFでは宛先ネットワークに対して最も速いルートが最適なルートと判断されます（図6-14）。

●コンバージェンス

ルータ同士で互いの情報の交換が完了し、すべてのルータが最新のルートをすべて認識している状態、つまりすべてのルータでルーティングテーブルが完成し終わった状態をコンバージェンス＊と呼びます。

HINT ＊「コンバージェンス」は、日本語で「収束」という意味です。

表6-1 スタティックルーティングとダイナミックルーティングの比較

ルーティング方法	メリット	デメリット
スタティックルーティング	・ルータにかかる負荷が小さい ・帯域の消費を抑えることができる	・ネットワークが大きくなると設定に手間がかかる ・障害発生時にルート変更が自動で行われず、手動で設定を変える必要がある
ダイナミックルーティング	・管理にかかる手間を抑えることができる ・自動で最適なルート情報をルーティングテーブルに登録する ・障害発生時のルート変更を自動で行ってくれる	・ルータが自動でルーティングテーブルの作成を行うため、負荷がかかる ・ルータ同士が情報交換の通信を行うため、帯域を消費する

図6-14 メトリック（RIPとOSPFで設定を行った場合）

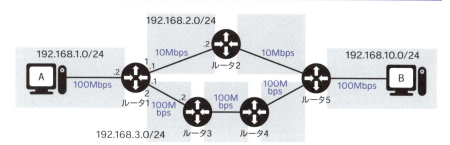

RIPで設定した場合

経由するルータの数が最も少ないルートが最適なルート
↓
ルータ1は「192.168.10.0/24のネットワークへ行くには、ルータ2を経由するルートが最も経由するルータが少ない」と判断する

ルータ1に登録されるルーティングテーブル

宛先ネットワーク	接続インターフェイス	ネクストホップアドレス
192.168.10.0/24	1	192.168.2.2

RIPで設定した場合、PC-AからPC-Bへの通信は、「R1⇒R2⇒R5」を通る

OSPFで設定した場合

最も速いルートが最適なルート
↓
ルータ1は「192.168.10.0/24のネットワークへ行くには、ルータ3を経由するルートが最も速い」と判断する

ルータ1に登録されるルーティングテーブル

宛先ネットワーク	接続インターフェイス	ネクストホップアドレス
192.168.10.0/24	2	192.168.3.2

OSPFで設定した場合、PC-AからPC-Bへの通信は、「R1⇒R3⇒R4⇒R5」を通る

6-9 [ルーティング] ダイナミックルーティングの種類

> ざっくりいうと
> 「RIP」はルーティングテーブルを交換するディスタンスベクタ型
> 「OSPF」はリンクステート情報を交換するリンクステート型
> 「EIGRP」は両方の型の特徴を取り入れたハイブリッド型

●RIP

RIPは3つの中で最も古くに作られたダイナミックルーティングの仕組みで、主に小中規模のネットワークで使用されます。ルータ同士がルーティングテーブルの情報を交換し合うことで、相手の情報を取り入れ、自身のルーティングテーブルを作成していきます。相手ルータから得られた情報から距離（ディスタンス）と方向（ベクター・ベクトル）を判断してルーティングテーブルを作成するため、ディスタンスベクタ型のルーティングプロトコルに分類されます。また、RIPのメトリックは経由するルータの数＝ホップ数となります。

●OSPF

OSPFはリンクステート型に分類されるルーティングプロトコルです。リンクステート型は互いのルーティングテーブルではなく、インターフェイス（リンク）の状態（ステート、ステータス）の情報を交換しているため、このように呼ばれています。メトリックは通信速度を数値化したコストの値となります（図6-15）。RIPと比較して、コンバージェンスまでにかかる時間や、障害発生時のルーティングテーブルの変更も高速です。また、大規模なネットワークでも使用可能です。

●EIGRP

EIGRPはディスタンスベクタ型をベースにしながら、リンクステート型の良い特徴を組み合わせて作られたルーティングプロトコルなので、ハイブリッド型*に分類されます。メトリックは通信速度や遅延といった要素をもとに算出しています。Cisco社が独自に開発したルーティングプロトコルであるため、他社のルータでは使用することができません。EIGRPでルーティングの設定を行いたい場合は、すべてCisco製のルータで統一しなければなりません（表6-2）。

HINT *EIGRPはディスタンスベクタ型をベースにして発展（拡張）させているため、「拡張ディスタンスベクタ型」とも呼びます。

図6-15 OSPFのコスト

●OSPFのコストの値

通信速度	コスト
100Mbps（ファストイーサネット）	1
10Mbps（イーサネット）	10

OSPFのメトリックは通信速度を数値化した「コスト」。このコストの累計値によって速いルート・遅いルートを判断をしている。OSPFのメトリックであるコストの値は、通信速度が速いほど小さな値が、遅いほど大きな値が設定されている

●OSPFのメトリックの計算方法

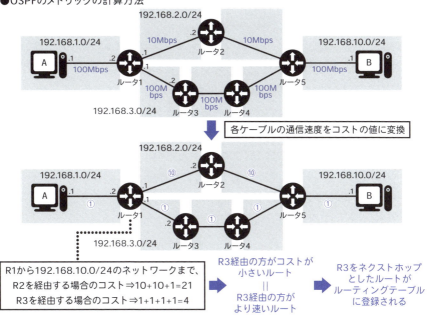

R1から192.168.10.0/24のネットワークまで、
R2を経由する場合のコスト⇒10+10+1=21
R3を経由する場合のコスト⇒1+1+1+1=4

R3経由の方がコストが小さいルート
 ||
R3経由の方がより速いルート

R3をネクストホップとしたルートがルーティングテーブルに登録される

表6-2 RIP・OSPF・EIGRPの比較

プロトコル	型の名称	メトリック	交換する情報	コンバージェンス	その他の特徴
RIP	ディスタンスベクタ型	ホップ数（経由するルータの数）	ルーティングテーブル	遅い	標準化（ベンダ問わず使用可）
OSPF	リンクステート型	コスト（通信速度を数値化した値の合計値）	リンクステート	速い	標準化（ベンダ問わず使用可）
EIGRP	ハイブリッド型（拡張ディスタンスベクタ型）	様々な要素（速度や遅延など）	ルーティングテーブル	速い	Cisco社独自（Cisco機器でしか使えない）

209

6-10 ［ルーティング］ デフォルトルート

> **ざっくり いうと**　デフォルトルートは「その他すべてのルート」や「それ以外すべてのルート」を表す特殊なルート情報
> 設定されていると通信は破棄されず、必ず次のルータへ転送される

●ルート情報の登録の限界

　6-4などで述べましたが、ルータはルーティングテーブルに載っていない宛先への通信を受信した場合、その通信を破棄してしまいます。つまり、通信が破棄されずにネクストホップや宛先機器へ転送されるためには、必ずルーティングテーブルにルート情報が載っていなければなりません。

　しかし、現実的にすべてのルート情報をルーティングテーブルに登録することは不可能です。インターネット上にはそれこそ無数にルートの数が存在しています*。スタティックルーティングで1つずつ登録することなんて無謀ですし、RIP・OSPF・EIGRPといったダイナミックルーティングを使用しても、自動で登録させることはできません（図6-16）。

●デフォルトルートの役割

　ルーティングテーブルにインターネット上のすべての経路を登録することは現実的ではないため、ルータにデフォルトルートという少し特殊なルーティングの設定を行います。デフォルトルートが設定されているルータでは、ルーティングテーブルに該当しない宛先への通信を受信すると、すべてデフォルトルートに該当すると判断し、通信を破棄せずに転送していきます。デフォルトルートはルーティングテーブルのその他すべてのルート情報のような役割をしてくれると考えると分かりやすいでしょう。

　デフォルトルートを1つ設定するだけで、インターネット上にある無数の宛先に対する通信も、破棄することなく転送できるようになります。すべてのルートをルーティングテーブルに登録する必要がなくなるため、ルータが記憶しておかなければならないルートの数を減らすこともでき、ルータのCPUやメモリにかかる負荷も抑えることができます（図6-17）。

HINT　*2019年1月現在、インターネット上には70万以上ものルートが存在しています。

図6-16 ダイナミックルーティングのルート情報登録の限界

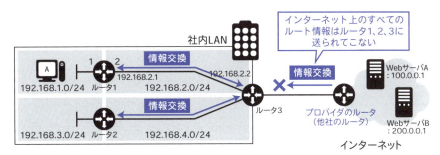

ダイナミックルーティングは同じ設定がされているルータ同士で情報交換を行うため、プロバイダのルータとは情報交換ができない。そのためルータ1、2、3のルーティングテーブルにはインターネット上のルート情報が登録されない

図6-17 デフォルトルートの役割

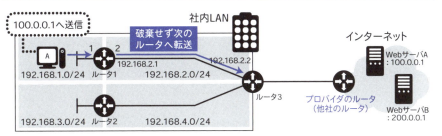

インターネット上にあるすべての宛先は192.168.1.0/24～4.0/24に該当しないため、デフォルトルートに該当すると判断されて、破棄せずにネクストホップであるルータ3（192.168.3.2）へ転送される

ワンポイントアドバイス デフォルトルートが登録されていれば、インターネット上のすべての宛先に対してでも、破棄せずにネクストホップへ送り出すことができます。

6-11 [Cisco機器の設定] Cisco機器の設定方法

> **ざっくりいうと**
> 初期状態のCisco機器はコンソールケーブルでPCと接続して操作する
> PCからの操作はターミナルエミュレータソフトを使用する
> Cisco機器はCUIで操作するのが基本

●コンソールケーブルを用いた接続

　スイッチやルータには、画面やキーボードは存在しません（図6-18）。そのため、PCと接続し、PCの画面上から操作・設定を行っていきます。初期状態のスイッチやルータを操作するにはコンソールケーブル*1というケーブルを使用します。コンソールケーブルは、機器に設定を行うために接続する専用のケーブルだと考えるとよいでしょう。

　コンソールケーブルの両端のコネクタは形状が異なります。LANケーブルと同じRJ-45コネクタ側をスイッチやルータの「CONSOLE」と書かれているコンソールポートに接続します（図6-19）。他のポートに接続しても操作することはできないので注意してください。コンソールケーブルの反対側のシリアルコネクタ側をPCと接続しますが、最近のノートPCなどではこの形状のコネクタを接続するシリアルポートがないことがあるため、その場合はUSBに変換するケーブルを利用してPCのUSBポートと接続します。

●コマンド実行による設定

　スイッチやルータを操作するためにはターミナルエミュレータと呼ばれる、機器をPC上で操作するソフトウェアを使用します。代表的なものではTera Term*2やPuTTYといったソフトがあり、これらはインターネット上から無料でダウンロードすることができます（図6-20）。

　スイッチやルータはCUIで操作を行います。CUI操作では、コマンドを実行することで操作・設定を行っていきます。そのため、Cisco機器を使用・設定してネットワークを構築するには、今まで学習したネットワークの仕組みを理解するのはもちろんのことですが、「コマンドを覚える」ということも非常に大切になります。

HINT　*1 コンソールケーブルのことを「ロールオーバーケーブル」とも呼びます。
　　　*2 Tera Termは「https://ja.osdn.net/projects/ttssh2/」からダウンロードできます。

スイッチングとルーティング

図6-18 Cisco製のスイッチ・ルータ

●スイッチ

Catalyst 2960という機種のスイッチ。スイッチの前面にLANケーブルの差込口がある

●ルータ

Cisco1812という機種のルータ。こちらは背面にLANケーブルの差込口がある

図6-19 コンソールケーブルとルータのコンソールポート

●コンソールケーブル

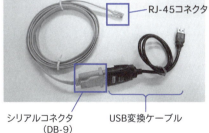

シリアルコネクタ　USB変換ケーブル
（DB-9）

●ルータのコンソールポート

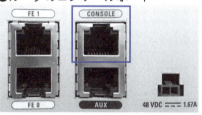

RJ-45コネクタ側をルータの「CONSOLE」と書かれたポートに接続する

図6-20 Tera Termを利用したルータへの接続例

●PCにシリアルポートがある場合

●PCにシリアルポートがない場合

●PCでのTera Term起動画面

PCでTera Termを起動し、「シリアル」を選択すると、コンソールケーブルの先のルータに接続することができる

213

6-12 [Cisco 機器の設定] Cisco 機器の操作モード

> ざっくりいうと
> Cisco機器のコマンド操作には複数の操作モードがある
> それぞれのモードによって実行できるコマンドが決まっている
> モードを移行するのも設定を行うのもすべてコマンド操作で行う

●操作モードによる違い

　Cisco機器のCUI操作ではいくつかの操作モードが分かれており、それぞれのモードによって実行できるコマンドが決められています（表6-3）。例えば「特権モード」では、機器に設定されている内容を確認するコマンドを実行できますが、設定を行うコマンドを実行することができません。反対に、「グローバルコンフィギュレーションモード」では、機器に設定されている内容を確認するコマンドは実行できませんが、ルータの名前変更などのルータに設定を行うコマンドを実行できます。また、モードを移行するということもすべてコマンドで実行していきます（図6-21）。

●モード移行コマンドの実行

　初期状態のルータの電源を入れた起動直後はユーザモードからスタートし、

```
Router>
```

と表示されます。前半の「Router」の部分はその機器の名前を表しており、初期状態ではルータの名前はRouterとなっています。「>」の部分はプロンプトと呼ばれ、現在のモードを表す記号や文字になります。表6-3のように、「>」の記号から現在ユーザモードであることが分かります。次に特権モードへ移行してみましょう。enableコマンドを実行することで特権モードへ移行することができます。

```
Router>enable
Router#
```

　プロンプトが「>」から「#」に変わりました。現在のモードが特権モードに移ったことが一目瞭然ですね（図6-22）。プロンプトの記号を確認しながら、自分が現在どのモードにいるのかを常に意識するようにしてください。

表6-3 Cisco機器の操作モード

モード名	プロンプト	説明	実行できるコマンドの例
ユーザモード	>	一部の設定確認コマンドが実行できるモード	確認コマンド
特権モード	#	すべての設定確認コマンドが実行できるモード	確認コマンド
グローバルコンフィギュレーションモード	(config)#	機器全体にかかわる設定を行うモード	ルータの名前変更 スタティックルーティング
インターフェイスコンフィギュレーションモード	(config-if)#	インターフェイスに関する設定を行うモード	IPアドレスの設定 インターフェイスの有効化
ルーティングコンフィギュレーションモード	(config-router)#	ルーティングに関する設定を行うモード	ダイナミックルーティング

※これらは操作モードの一部です。他にもたくさんのモードがあります。また、本書ではインターフェイスコンフィギュレーションモードを「インターフェイスモード」、ルーティングコンフィギュレーションモードを「ルーティングモード」と表記します。

図6-21 モード移行のコマンド

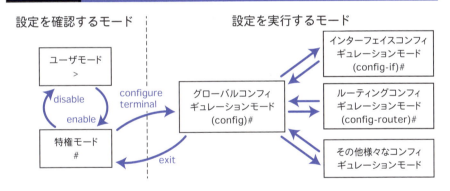

図6-22 モード移行コマンドの実行

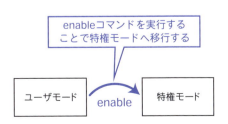

```
Router>enable
Router#
```

改行されてプロンプトの記号が変わった
⇒モードが変わった！

6-13 ［Cisco機器の設定］
ルータの名前変更の設定

> **ざっくりいうと**
> 初期状態のルータの名前は「Router」
> ルータの名前を変更するにはグローバルコンフィギュレーションモードでhostnameコマンドを実行する

●ルータの名前を変更する

　次は実際にルータに「名前を変更する」という設定を行ってみましょう。初期状態のルータはすべて「Router」という名前になっています。社内にある多数のルータが全部同じ名前だと管理が大変なので、それぞれに個別の名前を付けるのが一般的です。ルータの名前を変更するコマンドはhostname <名前> で、<名前> の部分に任意の名前を入力して実行します。ルータの名前を「RT001」に設定したいならば、実行するコマンドは「hostname RT001」となります。

　コマンドを実行するときは、そのコマンドがどのモードで実行するべきコマンドなのかという点を常に意識してください（図6-23）。

　P.215の表6-3にもあるように、ルータの名前を変更するhostnameコマンドはグローバルコンフィギュレーションモードで実行する必要があります。ユーザモードや特権モードでこのhostnameコマンドを実行してもエラーとなってしまい、ルータの名前は変更できません。

●hostnameコマンドの設定例

　ルータの起動後からルータの名前を変更するまでの一連のコマンドの流れは図6-24のようになります。モードは1つずつしか移行することができないので、ユーザモードから特権モードを飛ばしてグローバルコンフィギュレーションモードへ移行するといったことはできません。そのため1、2行目のコマンドで1つずつモードを遷移しています。3行目の表示はコマンドの実行ではなく、グローバルコンフィギュレーションモードへ移行する際に必ず表示される説明文なので、無視して構いません。4行目のhostnameコマンドでルータの名前を「RT001」に変更しています。そのため、5行目からはプロンプトの前に表示されるルータ名も変更されたことが確認できます。

スイッチングとルーティング

図6-23 設定を行う際の注意点

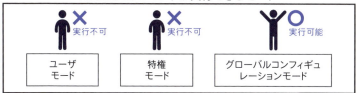

hostnameコマンドはグローバルコンフィギュレーションモードでしか実行することができない。他のモードでコマンドを実行してもエラーになってしまう

●コマンドの悪い覚え方

ルータの名前を変更するコマンドはhostnameコマンドだ！

●コマンドの良い覚え方

ルータの名前を変更するコマンドはhostnameコマンドだ。
そのコマンドはグローバルコンフィギュレーションモードで実行するコマンドだ！

> **ワンポイントアドバイス** コマンドを覚える際には、コマンドの綴りを覚えることはもちろんですが、そのコマンドがどのモードで実行するコマンドなのかもセットで覚えるようにしましょう。

図6-24 hostnameコマンドの実行例（ユーザモードからの実行例）

```
1  Router>enable
2  Router#configure terminal   ← グローバルコンフィギュレーションモードへ移行
3  Enter configuration commands, one per line.  End with CNTL/Z.   ← 3行目はただの説明
4  Router(config)#hostname RT001                                     なので無視してよい
5  RT001(config)#
```

●モード移行（1、2行目）

ユーザモードから特権モードを飛ばしてグローバルコンフィギュレーションモードへ移行することはできない（そのようなコマンドはない）

●ルータ名変更（4行目）

hostname RT001

hostnameコマンドを実行すると、その瞬間にルータの名前が変更される。次の行（5行目）からプロンプトの前に表示されるルータの名前が変更されたことが確認できる

6-14 ［Cisco機器の設定］
インターフェイスの設定①

ざっくりいうと

ルータやスイッチのインターフェイスにはEthernet・FastEthernet・GigabitEthernetなどがある
伝送速度（規格）によって分かれていると考えればOK

●インターフェイスの名称

　インターフェイスの設定の前に、まずインターフェイスに付けられている名称について確認しましょう。インターフェイスの名称は一般的に「インターフェイスの種類＋番号」の形式で付けられています。「インターフェイスの種類」にはEthernet、FastEthernet、GigabitEthernetなどがあり、イーサネットのどの規格に対応しているかによって名称が付けられています。

　3-6で学習した通り、それぞれEthernetインターフェイスが10Mbps、FastEthernetインターフェイスが100Mbps、GigabitEthernetインターフェイスが1000Mbps（1Gbps）の伝送速度に対応しています。「番号」は機種によって様々ですが、0、1、2…のように割り当てられている機種もあれば、0/0、0/1、0/2…のように割り当てられている機器もあります（図6-25）。

●インターフェイスモードへの移行

　インターフェイスモードへ移行するには、グローバルコンフィギュレーションモードでinterface <インターフェイスの種類＋番号>コマンドを実行します。実行するとプロンプトの表示が「(config)#」から「(config-if)#」に変わります（ifはinterfaceの略です）。また、インターフェイスモードでexitコマンドを実行することで、グローバルコンフィギュレーションモードへと戻ることができます。

　複数のインターフェイスの設定を行う場合、それぞれのインターフェイスモードへ移行して設定を行うため、一度グローバルコンフィギュレーションモードへ戻ってから、再度異なるインターフェイスモードへ移行して設定を行うという流れになります。しかし、プロンプトはどのインターフェイスモードでも共通して「(config-if)#」と表示されるため、自身が現在どのインターフェイスの設定をしているのかを見失わないよう気をつけなければなりません（図6-26）。

図6-25 インターフェイスの名称

このように、インターフェイスの番号は機種によって異なる
（FEはFastEthernetの略称）

図6-26 インターフェイスモードへの移行

●グローバルコンフィギュレーションモードとインターフェイスモードのモード移行コマンド

●複数のインターフェイスを設定する際のモード移行の流れ

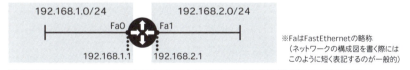

※FaはFastEthernetの略称
（ネットワークの構成図を書く際にはこのように短く表記するのが一般的）

この構成では、Fa0とFa1の2つのインターフェイスに対してそれぞれインターフェイスの設定コマンドを実行する必要がある

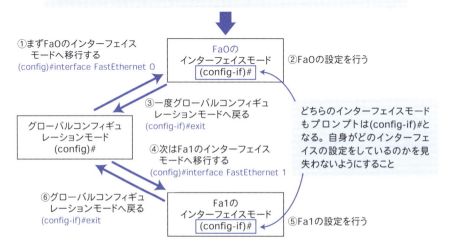

6-15 [Cisco機器の設定] インターフェイスの設定②

インターフェイスの設定コマンドはIPアドレスの設定と有効化の2つ ip addressコマンドでIPアドレスを設定し、no shutdownコマンドで有効化。どちらもインターフェイスモードで設定する

●インターフェイスの設定コマンド

　インターフェイスには「IPアドレスの設定」と「インターフェイスの有効化」の2つの設定を行わなくてはなりません。それぞれのコマンドを覚えましょう。

　「IPアドレスの設定」コマンドは、ip address <IPアドレス> <サブネットマスク>コマンドとなります。<サブネットマスク>は255.255.255.0のような10進数で記述しなくてはならないので注意が必要です。「インターフェイスの有効化」コマンドは、no shutdownコマンドとなります。6-5でも述べましたが、Cisco社のルータは初期状態ではそれぞれのインターフェイスがダウン（シャットダウン）状態となっていますので、そのシャットダウン状態を解除し、通信ができる状態にする（=有効化する）必要があります。どちらのコマンドもインターフェイスモードで設定するコマンドです。

●インターフェイスの設定例

　図6-27の構成で、ルータ1とルータ2に必要なインターフェイスの設定を見ていきましょう（下記リスト参照）。まずネットワークの構成図からサブネットマスクのプレフィックス表記を10進数表記に直します。次に算出したサブネットマスクをもとに、インターフェイスの設定を行います。6-14の図6-26を参考に、モード移行の流れをイメージするようにしましょう。

①まずFa0のインターフェイスモードに移行する
②Fa0のIPアドレスの設定・有効化の設定を行う
③Fa0の設定が終わったらグローバルコンフィギュレーションモードに戻る
④次にFa1のインターフェイスモードに移行する
⑤同様にFa1のIPアドレスの設定・有効化の設定を行う
⑥Fa1の設定が終わったらグローバルコンフィギュレーションモードに戻る

図6-27 インターフェイスの設定例

●ネットワーク構成図

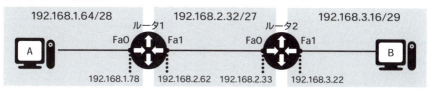

●それぞれのサブネットマスクを10進数に変換

プレフィックス表記	2進数表記	10進数表記
/28	11111111.11111111.11111111.11110000	255.255.255.240
/27	11111111.11111111.11111111.11100000	255.255.255.224
/29	11111111.11111111.11111111.11111000	255.255.255.248

●ルータ1の設定例（グローバルコンフィギュレーションモードからの設定）　本文リストとの対応

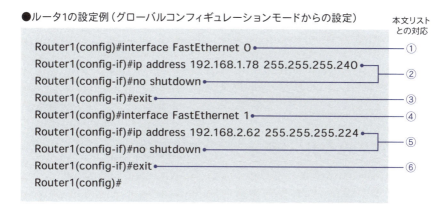

●ルータ2の設定例（グローバルコンフィギュレーションモードからの設定）

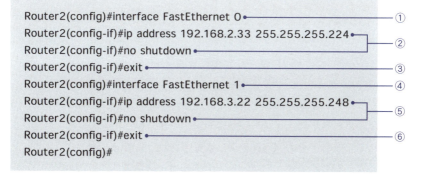

6-16 [Cisco機器の設定] スタティックルーティングの設定

> ざっくり いうと
>
> スタティックルーティングの設定は、グローバルコンフィギュレーションモードでip routeコマンドを実行
> 設定した内容がそのままルーティングテーブルに登録される

●スタティックルーティングの設定コマンド

　6-6で説明した通り、インターフェイスの設定を行っただけではルータのルーティングテーブルには直接接続したネットワークの情報しか登録されません。ルーティングの設定を行うことで、初めて直接接続していないネットワークへのルート情報をルーティングテーブルに登録することができます。

　では、スタティックルーティングの設定コマンドについて見ていきましょう。スタティックルーティングの設定は、グローバルコンフィギュレーションモードで行います*。グローバルコンフィギュレーションモードでip route <宛先のネットワークアドレス> <サブネットマスク> <ネクストホップアドレス>コマンドを実行することで、スタティックルーティングの設定を行うことができます。

●スタティックルーティングの設定例

　図6-28の構成で、スタティックルーティングの設定を見ていきましょう。ルータ1のルーティングテーブルに登録したいルート情報は、192.168.3.16/29のネットワークへのルート情報です。そのネットワークへ到達するには、192.168.2.33のアドレスを持つルータ2（ネクストホップ）を経由する必要があります。この情報を、上記のip routeコマンドに当てはめて実行します。

```
Router1(config)#ip route 192.168.3.16 255.255.255.248 192.168.2.33
```

同様にルータ2には以下のコマンドを実行します。

```
Router2(config)#ip route 192.168.1.64 255.255.255.240 192.168.2.62
```

　スタティックルーティングはコマンドで設定した値がダイレクトにルーティングテーブルに反映されるため、イメージがしやすいです。しかしその反面、数値を間違えて入力してしまうとその内容がそのまま登録されてしまい、通信ができないといったトラブルも起こります。コマンド入力の際は十分注意してください。

 *操作モードの中にはルーティングモードもありますが、こちらはダイナミックルーティングの設定を行うためのモードです（ダイナミックルーティングの設定は本書では割愛します）。

図6-28 スタティックルーティングの設定例

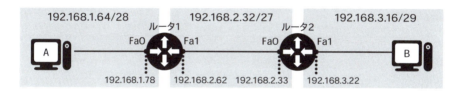

●ルータ1のスタティックルーティングの設定例

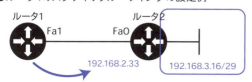

ルータ1に、「192.168.3.16/29のネットワークへ到達するには192.168.2.33という次のルータ（ネクストホップ）を経由する」というスタティックルーティングの設定を行う

宛先ネットワークの部分　　ネクストホップアドレスの部分

設定　Router1(config)#ip route 192.168.3.16 255.255.255.248 192.168.2.33

ルータ1のルーティングテーブル

宛先ネットワーク	接続インターフェイス	ネクストホップアドレス
192.168.1.64/28	Fa0	（直接）
192.168.2.32/27	Fa1	（直接）
192.168.3.16/29	－	192.168.2.33

登録

スタティックルーティングの設定では、手動で行った設定がダイレクトに反映され、ルーティングテーブルに登録される

●ルータ2のスタティックルーティングの設定例

ルータ2に、「192.168.1.64/28のネットワークへ到達するには192.168.2.62という次のルータ（ネクストホップ）を経由する」というスタティックルーティングの設定を行う

宛先ネットワークの部分　　ネクストホップアドレスの部分

設定　Router2(config)#ip route 192.168.1.64 255.255.255.240 192.168.2.62

ルータ2のルーティングテーブル

宛先ネットワーク	接続インターフェイス	ネクストホップアドレス
192.168.2.32/27	Fa0	（直接）
192.168.3.16/29	Fa1	（直接）
192.168.1.64/28	－	192.168.2.62

登録

[Cisco 機器の設定]
デフォルトルートの設定

> **ざっくりいうと**
> デフォルトルートは ip route コマンドの少し特殊な設定方法 設定するとルーティングテーブルに「0.0.0.0/0」という少し変わったネットワークが登録される

●デフォルトルートの設定コマンド

　6-10で見た通り、デフォルトルートはルーティングテーブルのその他すべてのルート情報といった役割をします。デフォルトルートはグローバルコンフィギュレーションモードで ip route 0.0.0.0 0.0.0.0 <ネクストホップアドレス> コマンドを実行することで設定できます。スタティックルーティングの少し特殊な設定方法で、ネットワークアドレスとサブネットマスクをどちらも「0.0.0.0」と固定の値を指定します。このデフォルトルートの設定を行うと、ルーティングテーブル上には「0.0.0.0/0」というネットワークへのルート情報が登録され、ルーティングテーブル上に登録されていない宛先への通信はすべてこのルート情報に該当すると判断されます。その結果、通信は破棄されずに必ずネクストホップへと転送されるようになります。

●デフォルトルートの設定例

　図6-29のように構成されたネットワークで、ルータ1に設定するコマンドをインターフェイスの設定から見ていきましょう。

　Fa0とFa1の両インターフェイスの設定を行った後のルーティングテーブルは、直接接続したネットワークの情報だけが登録されますね。この構成の場合、社内LANには192.168.1.0/24と192.168.2.64/26の2つのネットワークしか存在しないので、ルータ1は直接接続しているネットワークだけで、社内LANのネットワークがすべてルーティングテーブルに登録されていることになります。それ以外の世界中に存在するすべてのネットワークはルータ2の先にあるインターネット方向に存在するため、ルータ1に図6-30のようなデフォルトルートの設定を行うだけで、すべての通信は破棄されずにルータ2へと転送されていきます*。

---

*インターネット上の無数のルート情報を「その他すべて」という形でデフォルトルートの情報にまとめることで、ルータにかかる負荷を減らすことができます。

図6-29 デフォルトルートの設定例（インターフェイスの設定）

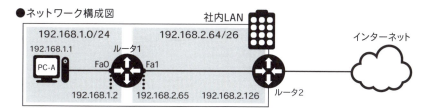

●ネットワーク構成図

●ルータ1の設定コマンド（インターフェイスの設定）

```
Router1(config)#interface FastEthernet 0
Router1(config-if)#ip address 192.168.1.2 255.255.255.0
Router1(config-if)#no shutdown
Router1(config-if)#exit
Router1(config)#interface FastEthernet 1
Router1(config-if)#ip address 192.168.2.65 255.255.255.192
Router1(config-if)#no shutdown
Router1(config-if)#exit
```

●インターフェイス設定後のルータ1のルーティングテーブル

宛先 ネットワーク	接続 インターフェイス	ネクストホップ アドレス
192.168.1.0/24	Fa0	（直接）
192.168.2.64/26	Fa1	（直接）

社内LANが2つのネットワークしかないシンプルな構成なので、この状態で社内LANのすべてのネットワークが登録されている
↓
世界中にあるすべてのネットワークは、ルータ2の先のインターネット上に存在する

図6-30 デフォルトルートの設定例（デフォルトルートの設定）

●ルータ1の設定コマンド（デフォルトルートの設定）

宛先ネットワークの部分　　ネクストホップアドレスの部分

```
Router1(config)#ip route 0.0.0.0 0.0.0.0 192.168.2.126
```

●デフォルトルート設定後のルータ1のルーティングテーブル

宛先 ネットワーク	接続 インターフェイス	ネクストホップ アドレス
192.168.1.0/24	Fa0	（直接）
192.168.2.64/26	Fa1	（直接）
0.0.0.0/0	ー	192.168.2.126

192.168.1.0/24と192.168.2.64/26に当てはまらない宛先への通信は、一番下のデフォルトルートに当てはまると判断される。この1行の登録だけで、インターネット上にあるすべての宛先への通信が破棄されずに、ネクストホップであるルータ2（192.168.2.126）へ転送される

実際に体験してみよう！

IPアドレスでWebページに
アクセスしてみよう！

通常、WebページはURLを指定してアクセスする方法が一般的ですが、実はIPアドレスを指定することでもWebページを閲覧することが可能です。

■STEP 1．コマンドプロンプトでIPアドレスを調べる

翔泳社のWebページのURLは「https://www.shoeisha.co.jp」です。このURLの構成を分解すると、「https://」と「www.shoeisha.co.jp」の部分に分けることができます。「https://」の部分はスキームと呼ばれていて、相手とどのプロトコルを使用して通信をするかを示しています。「https」となっているので、HTTPSという暗号化されたWeb通信を行うことを意味しています。一方「www.shoeisha.co.jp」はドメイン名と呼ばれる部分です。ドメイン名はネットワークの世界で割り当てられている機器の名前と考えると分かりやすいでしょう。翔泳社のWebサーバには「www.shoeisha.co.jp」という世界中で重複していない一意のドメイン名が割り当てられています。まず、PCのコマンドプロンプトで「nslookup」コマンドを実行してみましょう。nslookup <ドメイン名>を実行することで、指定したドメイン名の機器に割り当てられているIPアドレスを調べることができます。表示結果から、翔泳社のWebサーバ（ドメイン名「www.shoeisha.co.jp」）のIPアドレス（グローバルIPアドレス）は114.31.94.139であることが分かります。

■STEP 2. IPアドレスでWebページを閲覧する

次にSTEP1で調べたIPアドレスをWebブラウザのアドレスバーに入力します。すると、「https://www.shoeisha.co.jp」のWebページにアクセスできることを確認できます。

IPアドレスはネットワーク上の機器の住所ですし、ドメイン名はネットワーク上の機器の名前の役割です。つまり、どちらも「翔泳社のWebサーバ」と通信をしていることに変わりありません。そのため、どちらの方法でも同じ翔泳社のWebページが表示されます。

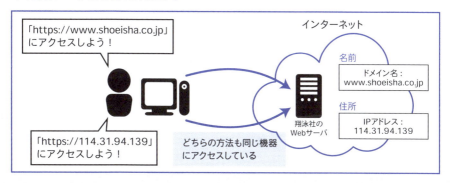

問題に挑戦してみよう!

【問題】

Q1 以下の図のようにスイッチによって機器間が接続されています。

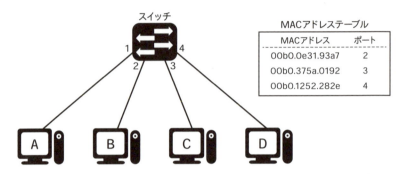

スイッチのMACアドレステーブルが上記のように作成されているとき、PC-AからPC-Dに対して通信を送信した際のスイッチの動作として適切なものを以下の中から1つ選択してください。

A. MACアドレステーブルに送信先アドレスとスイッチのポート番号を紐付けて登録し、4番のポートからピンポイントで通信を送信する。

B. MACアドレステーブルに載っていないため、PC-Aへ送り返す。

C. MACアドレステーブルに送信元アドレスとスイッチのポート番号を紐付けて登録し、4番のポートからピンポイントで通信を送信する。

D. 1番ポートを除くすべてのポートに対して通信をフラッディングする。

Q2 以下の図のようにルータによって機器間が接続されています。

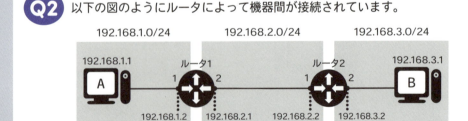

スイッチングとルーティング

ルータ1のルーティングテーブル

宛先ネットワーク	接続インターフェイス	ネクストホップアドレス
192.168.1.0/24	1	(直接)
192.168.2.0/24	2	(直接)
192.168.3.0/24	—	192.168.2.2

ルータ2のルーティングテーブル

宛先ネットワーク	接続インターフェイス	ネクストホップアドレス
192.168.1.0/24	—	192.168.2.3
192.168.2.0/24	1	(直接)
192.168.3.0/24	2	(直接)

PC-AからPC-Bにpingを送信しましたが、応答が返ってきません。原因として考えられるものを以下の中から1つ選択してください。

- A. ルータ1のインターフェイスの設定が不完全で、直接接続したネットワークの情報が登録されていないため。
- B. ルータ1に登録されている192.168.3.0/24のネットワークへのルート情報に誤りがあり、ルータ1が存在しない宛先に対して通信を送信しようとしているため。
- C. ルータ2のインターフェイスの設定が不完全で、直接接続したネットワークの情報が登録されていないため。
- D. ルータ2に登録されている192.168.1.0/24のネットワークへのルート情報に誤りがあり、ルータ2が存在しない宛先に対して通信を送信しようとしているため。

 以下の図のようにルータによって機器間が接続されています。

```
192.168.1.64/28        192.168.2.32/27        192.168.3.16/29
192.168.1.65                                              192.168.3.17
    A      ──  ルータ1  ──          ──  ルータ2  ──      B
           1         2                    1         2
        192.168.1.78  192.168.2.62  192.168.2.33  192.168.3.22
```

ルータ1のルーティングテーブル

宛先ネットワーク	接続インターフェイス	ネクストホップアドレス
192.168.1.64/28	1	(直接)
192.168.2.32/27	2	(直接)

ルータ2のルーティングテーブル

宛先ネットワーク	接続インターフェイス	ネクストホップアドレス
192.168.1.64/28	—	192.168.2.62
192.168.2.32/27	1	(直接)
192.168.3.16/29	2	(直接)

ルータ1にはインターフェイスの設定が完了していますが、ルーティングの設定が完了していないためPC-AとPC-B間で通信ができません。ルータ1にスタティックルーティングで設定を行う場合、適切なコマンドを以下の中から1つ選択してください。

A. ip route 192.168.1.64 255.255.255.240 192.168.2.33
B. ip route 0.0.0.0 0.0.0.0 192.168.2.32
C. ip route 192.168.3.16 255.255.255.248 192.168.2.33
D. ip route 192.168.3.16 255.255.255.248 192.168.2.62

それぞれのルーティングプロトコルの特徴について、空白の部分を埋めてください。

プロトコル	型の名称	メトリック	その他の特徴
RIP	(①) 型	(④)	(⑥) 化
OSPF	(②) 型	(⑤)	(⑥) 化
EIGRP	(③) 型	様々な要素 （速度や遅延など）	(⑦) 独自

① (   )   ② (   )
③ (   )   ④ (   )
⑤ (   )   ⑥ (   )
⑦ (   )

Q5 以下の図のようにルータによって機器間が接続されています。

スイッチングとルーティング

ルータ1のルーティングテーブル

宛先ネットワーク	接続インターフェイス	ネクストホップアドレス
192.168.1.0/24	1	（直接）
192.168.2.64/26	2	（直接）

PC-Aがインターネット方向と通信ができるようにするために必要なルーティングのコマンドを以下の中から1つ選択してください。

A. ip route 192.168.2.64 255.255.255.192 192.168.2.126
B. ip route 0.0.0.0 255.255.255.255 192.168.2.126
C. ip route 255.255.255.255 255.255.255.255 192.168.2.126
D. ip route 0.0.0.0 0.0.0.0 192.168.2.126

【解答・解説】

 C

スイッチの現在のMACアドレステーブルを確認してみると2、3、4番ポートと対応するMACアドレスが登録されているため、PC-B、C、DのMACアドレスは学習していて、PC-AのMACアドレスはまだ学習されていないことが分かります。

問題文のようにPC-AからPC-Dへ通信が送信されると、まず送信元MACアドレス（PC-AのMACアドレス）と受信した1番のポートを対応付けてMACアドレステーブルに登録します。次にPC-Dへと通信を送信しますが、PC-DのMACアドレスは4番ポートと対応付けられたMACアドレステーブルが作成されているため、ピンポイントで4番ポートから通信を送信することができます。

➡ 6-2、6-3

 D

ルータ1もルータ2も、直接接続しているネットワークの情報がルーティングテーブルに正しく登録されているため、インターフェイスの設定には誤りがないことが分かります。ルータ1でもルータ2でも一見すると問題なくルーティングテーブルが作成されているように見えますが、ルータ2に登録されている

231

192.168.1.0/24へのルート情報に誤りがあります。ルータ2からしてみると、192.168.1.0/24のネットワークへ到達するためには、ルータ1のIPアドレス192.168.2.1を経由しなくてはなりませんが、そのネクストホップアドレスが192.168.2.3となってしまっています。そのためルータ2はPC-Aへ返す通信を、存在しない192.168.2.3へと転送しようと思いますが、ルータ1に通信が到達しないため、通信が失敗してしまいます。

●pingの戻りの通信

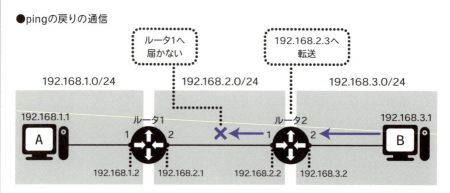

スタティックルーティングで設定した際に、コマンドを誤って設定すると、このように通信ができなくなってしまいます。　　　　　　　➡ 6-4～6-6

 C

ルータ1のルーティングテーブルには直接接続しているネットワークが登録されていますが、PC-Bが属する192.168.3.16/29へのルート情報が登録されていません。そのためルーティングの設定を行う必要があります。スタティックルーティングで設定する場合、「ip route <宛先ネットワークアドレス> <サブネットマスク> <ネクストホップアドレス>」のコマンドで設定を行うため、正しいコマンドは「ip route 192.168.3.16 255.255.255.248 192.168.2.33」となります。　➡ 6-7

プロトコル	型の名称	メトリック	その他の特徴
RIP	（ディスタンスベクタ）型	（ホップ数）	（標準）化
OSPF	（リンクステート）型	（コスト）	（標準）化
EIGRP	（ハイブリッド）型 （または拡張ディスタンスベクタ型）	様々な要素 （速度や遅延など）	（Cisco）独自

➡ 6-9

 D

　PC-Aがインターネット方向と通信ができるようにするためには、「その他すべてのルート情報」の役割をするデフォルトルートの設定をルータ1で行う必要があります。デフォルトルートは、「ip route 0.0.0.0 0.0.0.0 <ネクストホップアドレス>」のコマンドで設定を行うため、正しいコマンドは「ip route 0.0.0.0 0.0.0.0 192.168.2.126」となります。デフォルトルートの設定を行うと、ルータ1のルーティングテーブルは次のようになります。

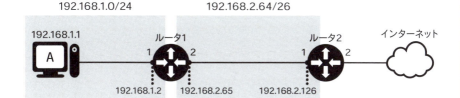

宛先 ネットワーク	接続 インターフェイス	ネクストホップ アドレス
192.168.1.0/24	1	—
192.168.2.64/26	2	—
0.0.0.0/0	—	192.168.2.126

　デフォルトルートを登録することで、192.168.1.0/24と192.168.2.64/26以外のネットワークへのルートはすべて一番下のルート情報に該当すると判断されるため、インターネット方向への通信も破棄されることなくすべてルータ2へと転送されていきます。

➡ 6-17

7時間目

ネットワーク構築のケーススタディ

この章の主な学習内容

IPアドレスの設定
IPアドレスを手動で設定する方法と、DHCPを用いて自動で設定する方法を理解しましょう。DHCPサーバとして動作させるために必要なルータの設定も覚えましょう。

小規模ネットワークの構築
50人規模の小規模な社内ネットワークを構築する流れを体験してみましょう。

7-1 IPアドレスを設定する2つの方法

　ここでは、今まで学習してきたルータの設定方法などを踏まえて、小規模なネットワークを構築する設定の総復習をしていきます。PCのIPアドレスの設定方法やDHCPの仕組みも紹介していきますので、併せて覚えていきましょう。
　PCにIPアドレスを設定する方法は大きく分けて2通りあります。1つ目はIPアドレスを手動で指定して設定する方法で、2つ目はDHCPというプロトコルを利用してIPアドレスを自動で割り当てる方法になります。その2つの設定方法を見ていきましょう。

●方法① PCに手動でIPアドレスを設定する

　WindowsPCの場合、IPアドレスの設定は「ネットワークと共有センター」の画面から行います。Windows10の場合はスタートメニューから「設定」→「ネットワークとインターネット」→「イーサネット」→「ネットワークと共有センター」とクリックします。それ以前のWindows（Windows 8.1やWindows 7）の場合は、スタートメニュー以外からも、画面右下に表示されている無線または有線のアイコンを右クリックすることで表示することも可能です。

Windows 8.1やWindows 7はここを右クリック

　ネットワークと共有センターを開いたら、有線で接続している場合は下図の「イーサネット」の部分（無線で接続している場合は「Wi-Fi」）をクリックします。

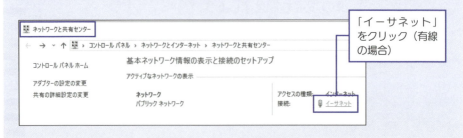

「イーサネット」をクリック（有線の場合）

ネットワーク構築のケーススタディ●

　有線または無線の接続が無効化されている場合や、ケーブルが接続されていない・接続できる無線が存在しない場合は、以下のように表示されないことがあります。その場合は画面左側の「アダプターの設定の変更」をクリックします。

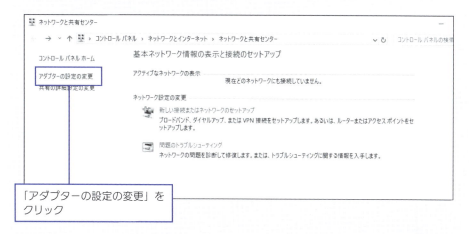

「アダプターの設定の変更」を
クリック

　すると下記のように有線または無線のアイコンが表示されるので、自身が接続している方法をダブルクリックします。

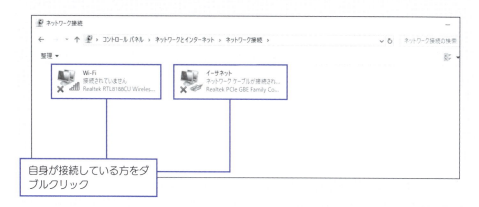

自身が接続している方をダブルクリック

　上記の操作を行うと、選択したネットワークアダプター（NIC）の状態が表示されます。2時間目の「実際に体験してみよう!」（P.61参照）では、「詳細」ボタンをクリックして設定されているIPアドレスやMACアドレスを確認しましたが、IPアドレスを変更したい場合は下部の「プロパティ」をクリックします（注：Windowsの管理者権限が必要です）。

237

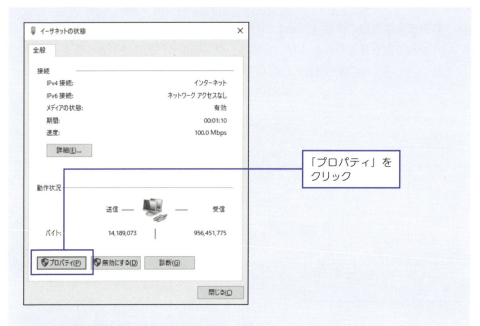

続いて表示されたウィンドウの表示一覧から、「インターネット プロトコル バージョン4（TCP/IP）」を選択し、プロパティをクリックします。

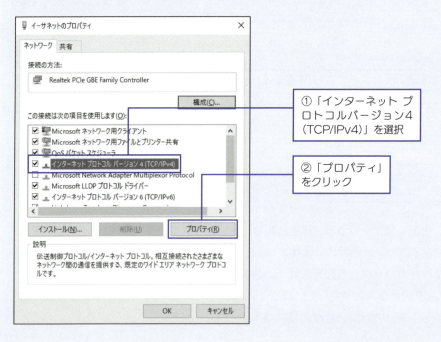

ネットワーク構築のケーススタディ●

　IPアドレスを設定するウィンドウが表示されるので、「次のIPアドレスを使う」にチェックを入れて任意のIPアドレス・サブネットマスク・デフォルトゲートウェイの値をそれぞれ設定します。

①「次のIPアドレスを使う」にチェックを入れる

②IPアドレス・サブネットマスク・デフォルトゲートウェイの値を設定

（インターネット プロトコル バージョン4 (TCP/IPv4)のプロパティ画面）
- IPアドレス：192.168.1.3
- サブネットマスク：255.255.255.0
- デフォルトゲートウェイ：192.168.1.1

●方法② DHCPを利用してIPアドレスを自動設定する

　PCに自動でIPアドレスを割り当てるには、次の画面で「IPアドレスを自動的に取得する」にチェックをするだけです。するとPCはDHCPを利用し、IPアドレス、サブネットマスク、デフォルトゲートウェイなどの通信に必要なアドレス情報を取得し、自動的に割り当てることができます。

239

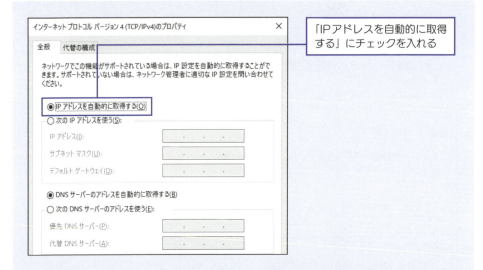

「IPアドレスを自動的に取得する」にチェックを入れる

　しかし、DHCPを利用したIPアドレスの設定方法はPCだけでは成り立ちません。DHCPサーバという、IPアドレスを払い出してPCに割り当ててくれる機器が必要となります。DHCPの動作は、IPアドレスを割り当てるDHCPサーバと、そのIPアドレスを取得して自身に設定するDHCPクライアント（PCなど）の2者の関係で成り立っています。その動作を簡単に確認していきましょう。

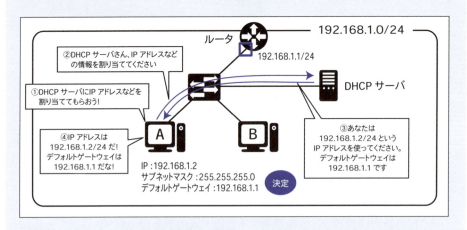

❶「IPアドレスを自動的に取得する」にチェックが入っているPCはDHCPクライアントとして動作を開始します。
❷DHCPクライアントは自身に割り当ててもらうIPアドレスやデフォルトゲー

トウェイを取得するために、DHCPサーバに問い合わせを行います。
❸問い合わせを受け取ったDHCPサーバは、DHCPクライアントに対してIPアドレスを払い出します。IPアドレスだけでなく、サブネットマスクやデフォルトゲートウェイの情報も同時に払い出すことができます。
❹DHCPサーバから受け取ったIPアドレスなどの情報を自身のIPアドレスとして設定します。

　DHCPサーバは、どの機器に対してどのIPアドレスを払い出したかを記憶しています。そのため、他のPCからIPアドレスの問い合わせがやってきたとしても、重複することなく異なるIPアドレスを払い出すことができます。

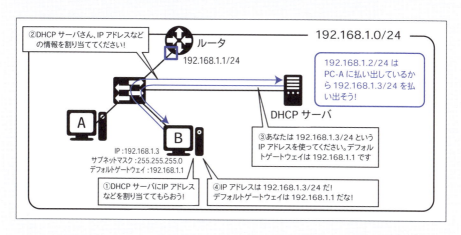

　手動で設定する場合は、IPアドレスが重複しないように1台1台設定をしなければならないため、設定と管理が非常に大変です。しかしDHCPを使用すると、自動でIPアドレスが割り当てられるうえ、アドレスの重複も発生しないため、設定の手間や管理が簡単になります。そのためDHCPは、企業ネットワークはもちろんのこと、様々なネットワークで利用されています。例えば自宅でPCをインターネットに接続する際や、カフェなどでフリーWi-Fiを利用する際も、このDHCPを利用してPCやスマートフォンにアドレスを割り当てています。
　また、最近のルータはDHCPサーバの機能を備えていることが一般的です。そのため、DHCPサーバをわざわざ構築しなくても、ルータがDHCPサーバの役割になってアドレスを払い出すことができます。

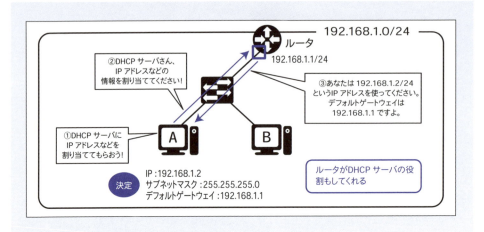

●CiscoルータでのDHCPサーバの設定方法

Ciscoルータも、もちろんこのDHCPサーバの機能を備えています。では、以下の構成でCiscoルータでのDHCPサーバの設定方法を見ていきましょう。

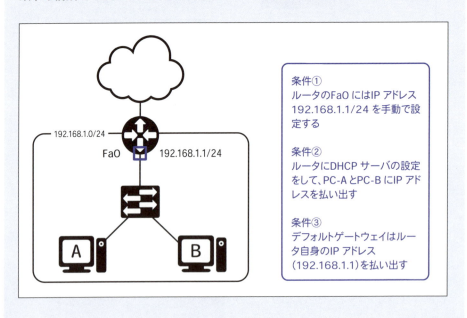

■条件①の設定

条件①の設定は6-14と6-15で学習したインターフェイスの設定と同じですね。インターフェイスの設定はインターフェイスモードで、IPアドレスの設定とインターフェイスの有効化を行います。

```
Router>enable                                                    …❶
Router#configure terminal                                        …❷
Enter configuration commands, one per line.  End with CNTL/Z.
Router(config)#interface FastEthernet 0                          …❸
Router(config-if)#ip address 192.168.1.1 255.255.255.0           …❹
Router(config-if)#no shutdown                                    …❺
Router(config-if)#exit                                           …❻
Router(config)#
```

❶ユーザーモードから特権モードへ移行します。

❷特権モードからグローバルコンフィギュレーションモードへ移行します。

❸グローバルコンフィギュレーションモードからFa0のインターフェイスモードへ移行します。

❹IPアドレスを設定します。サブネットマスクは10進数表記で入力する必要があります。

❺インターフェイスを有効化します。

❻インターフェイスモードからグローバルコンフィギュレーションモードへ戻ります。

■条件②の設定

条件②と条件③の2つの設定で、CiscoルータをDHCPサーバとして動作させることができます。まず条件②の設定を見ていきましょう。DHCPサーバの機能の設定はDHCPコンフィギュレーションモードというモードで行います。グローバルコンフィギュレーションモードから(config)#ip dhcp pool <アドレスプール名>コマンドを実行することで移行可能です。<アドレスプール名>には任意の名前を設定することが可能です。

```
Router(config)#ip dhcp pool TEST
Router(dhcp-config)#
```

今回はアドレスプールの名前を「TEST」という名前にしました。プロンプトの記号が(dhcp-config)#となっていますね。DHCPコンフィギュレーションモードへ正しく移行できたことが分かります。

　次にPCに割り当てるIPアドレスの候補を指定します。PC-AとPC-Bは192.168.1.0/24のネットワークに属する機器になりますので、そのネットワーク内のIPアドレスとサブネットマスク（/24）を割り当てる必要があります。コマンドは(dhcp-config)#network <ネットワークアドレス> <サブネットマスク>コマンドを実行します。サブネットマスクは10進数で記述します。

> Router(dhcp-config)#network 192.168.1.0 255.255.255.0

　このように指定することで、192.168.1.0/24のネットワーク内のホストに使用可能なIPアドレス、つまり192.168.1.1 〜 192.168.1.254/24までのIPアドレスの中から、DHCPクライアントに重複が起こらないように払い出されるようになります。

■条件③の設定

　最後に条件③の設定です。この設定もDHCPコンフィギュレーションモードで行うため、条件②から続けて設定することができます。(dhcp-config)#default-router <デフォルトゲートウェイのアドレス>コマンドを実行することで、DHCPクライアントに対してデフォルトゲートウェイのアドレスを教えることができます。デフォルトゲートウェイの設定ですが、コマンドは「default-router」となっていますので、綴りに注意してください。

> Router(dhcp-config)#default-router 192.168.1.1

　もしこの条件③の設定を忘れてしまうと、DHCPクライアントであるPCにデフォルトゲートウェイが設定されず空のままとなってしまいます。4-17で簡単にお話ししましたが、PCにデフォルトゲートウェイのIPアドレスが登録されていないと、PCは出入口となるルータの場所が分からないため、他のネットワークと通信をすることができません。その結果、インターネットへの接続などもできなくなってしまうので、設定を忘れないようにしましょう。

ネットワーク構築のケーススタディ●

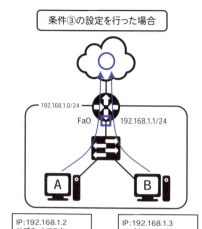
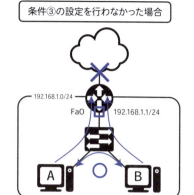

■コマンドのまとめ

実行するコマンドをまとめます。

```
Router>enable
Router#configure terminal
Enter configuration commands, one per line.  End with CNTL/Z.
Router(config)#interface FastEthernet 0
Router(config-if)#ip address 192.168.1.1 255.255.255.0
Router(config-if)#no shutdown
Router(config-if)#exit
Router(config)#ip dhcp pool TEST                          …条件②
Router(dhcp-config)#network 192.168.1.0 255.255.255.0     …条件②
Router(dhcp-config)#default-router 192.168.1.1            …条件③
Router(dhcp-config)#exit
```

条件②の設定で出てきた「アドレスプール」はIPアドレスが入っている入れ物と考えると分かりやすいでしょう。次の図のように、(config)#ip dhcp pool TESTコマンドで「TEST」という名前の入れ物を作成しているイメージです。

245

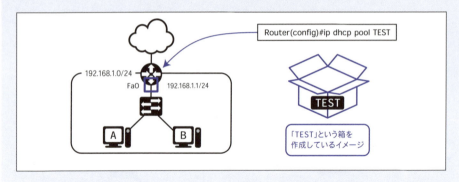

　次の（dhcp-config)#network 192.168.1.0 255.255.255.0コマンドで、その作成した箱の中に払い出し可能な192.168.1.1〜192.168.1.254/24のIPアドレスを入れているイメージです。

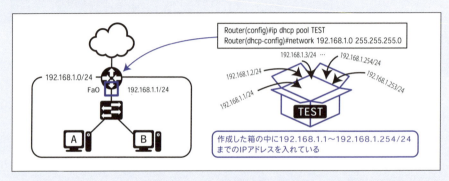

　DHCPクライアントからIPアドレスの問い合わせがあった場合、DHCPサーバであるルータは作成したアドレスプールの中から使用されていないIPアドレスを1つ払い出す、という仕組みになっています。

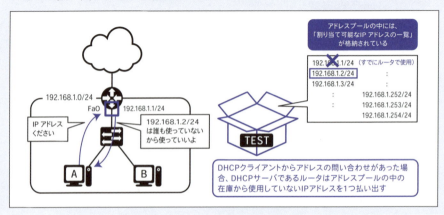

7-2 小規模なネットワークを構築する

　では、実際に下図のような50人くらいの社員が在籍する小規模なオフィスをイメージして、簡単なネットワーク構築の一連の流れを見ていきましょう。

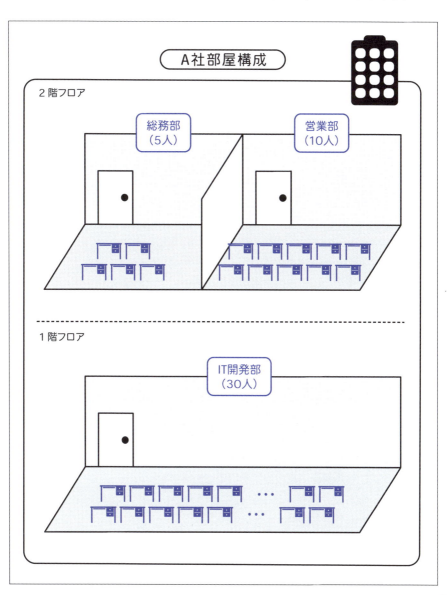

これだけだと条件が少なすぎるので、条件をもう少し追加します。

〈条件❶〉 1人1台PCを使用することとします。
〈条件❷〉 プリンタやサーバなどは配置せず、使用する機器はPCだけとします。
〈条件❸〉 無線は使用せず、LANケーブルでの有線接続のみとします。
〈条件❹〉 ネットワーク機器はルータとスイッチだけを使用し、ハブは使用しません。
〈条件❺〉 ルータは以下のような4個のFastEthernetインターフェイスを備えたCisco製の機器を使用することとします。

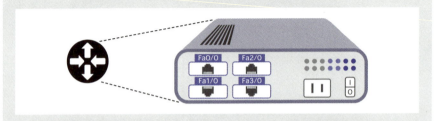

〈条件❻〉 スイッチは以下のような24個のFastEthernetインターフェイスを備えたCisco製の機器を使用することとします。

〈条件❼〉 部署ごとにネットワークを分けることとします。
〈条件❽〉 IPアドレスは192.168.1.0/24のネットワークをサブネット化して各部署に割り当てることとします。
〈条件❾〉 今回はインターネットの接続は考えず、社内LAN内で通信ができることを目的とします。
〈条件❿〉 PCにはDHCPを使用せず手動でIPアドレスを設定することとします。

●STEP. 1　必要な機器の台数と
　　　　　　　ケーブルの本数を考えよう

　ネットワークを構築するうえで最初に考えるべきことは、「どういった機器やケーブル」が「いくつ」必要なのかを考えることです。イチからすべて新品を購入するにしても、不足分だけを買い足すにしても、購入する分の費用がもちろんかかってしまいます。どれくらいのコストがかかるのかを計算するためにも、必要な機器・ケーブルの本数などを算出することは非常に重要なことになります。

　今回構築するネットワークでの必要な機器・ケーブルの数を、次のように表を作成しまとめます。

機器名	数
ルータ	
スイッチ	
PC	45台
LANケーブル	

　今回の構成の場合、PCの数は各人数分なので45台とすぐに求めることができますが、ルータ・スイッチやLANケーブルの数は機器の配置の仕方によって必要な台数や本数が変わりますのでまだ決められませんね。そこで次は必要なルータとスイッチの数を考えましょう。

●STEP. 2　PCやルータ・スイッチの
　　　　　　　配置構成を考えよう

　ルータやスイッチの必要な台数を考えるには、「ネットワークをいくつ作成するのか」や、「機器を接続するインターフェイスの数が十分に足りているか」といったことを考えなくてはなりません。〈条件❼〉にある通り、今回は一部署を1つのネットワークに含める構成にしますので、部署内のPCをまずスイッチで接続します。そして部署間の接続はルータを間に配置して、異なるネットワークになるよう接続します。2階フロアの機器の配置構成は次のようにすれば良いでしょう。

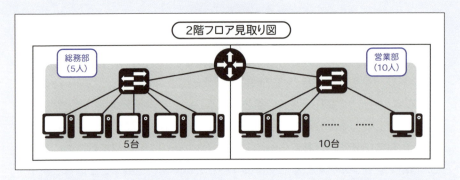

　今回使用するルータにはインターフェイスが4個、スイッチには24個あるため、このように接続することが可能ですね。

　次に1階フロアを考えます。1階フロアはIT開発部30人が1つの同じネットワークに所属するため、30台のPCをスイッチに接続しなければなりませんが、今回使用するスイッチには24個のインターフェイスしかありません。1台のスイッチではすべてのPCを接続することができないので、2台のスイッチを使用する必要がありますね。次のように構成するようにしましょう。

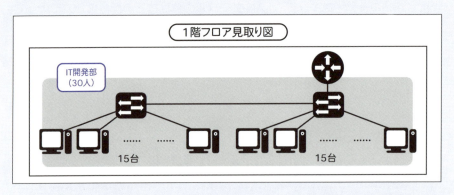

　スイッチ同士を接続することで、同じネットワークに所属するPCの数を増やすことができましたね。今回はそれぞれのスイッチに15台ずつという形で均等に分けることにします。「均等に分けなければいけない」というようなルールはありませんので、PCを左側のスイッチに8台・右側のスイッチに22台接続する構成にしてももちろん問題はありません。また今回はルータを右側のスイッチに接続し、2階フロアと分けるようにします。

ネットワーク構築のケーススタディ

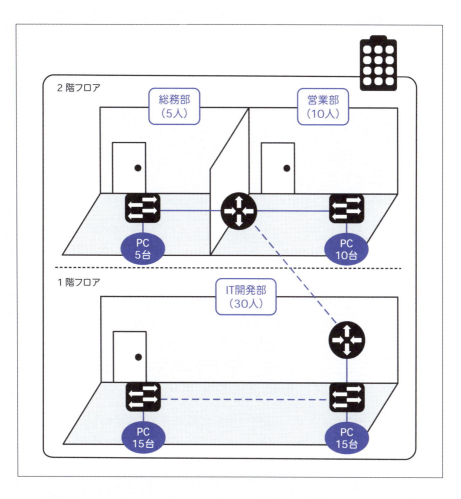

　もちろん1台のルータで3つのネットワークを接続する構成にしても問題ありませんが、今回は上記のようにフロアごとに機器を分ける構成にします。

　ここで1階フロアと2階フロアのルータ間と、1階フロアのスイッチ間は点線で、その他は実線で描いていますね。これにはちゃんと意味があります。それは「**LANケーブルにはストレートケーブルとクロスケーブルの2種類があり、接続する機器によって使い分けなければならない**」ということです。3-3で学習しましたが、ルータ同士やスイッチ同士といった同じ種類のポートを持つ機器をつなぐ場合はクロスケーブルを使用しないといけませんでしたね。間違えてストレートケーブルで接続してしまうと通信ができなくなっ

251

てしまうので、購入するケーブルを間違えないように気をつけなければなりません。

　これで大枠の構成が決まりましたので、ルータ・スイッチの必要台数とケーブルの必要本数を算出することができます。STEP.1で作成した表を埋めましょう（本来はケーブルの長さなども考えないといけませんが、今回は考慮しません）。

機器名	数
ルータ	2台
スイッチ	4台
PC	45台
LANケーブル	50本（ストレート48本、クロス2本）

●STEP．3　スイッチ・ルータのどのインターフェイスと接続するかを考えよう

　STEP.2でルータとスイッチの配置・接続の構成が決まりました。次はもう少し具体的に「ルータやスイッチのどのインターフェイスと接続するか」を決めて、それを図に起こしていきます。図を作成する際に意識することは、最初にしっかりとルールを決めるということです。例えば、「PCは小さい番号のインターフェイスから順番に接続し、ルータやスイッチなどのネットワーク機器は大きい番号のインターフェイスから順番に接続する」のようなルールをあらかじめ決めておくと良いでしょう。また、接続インターフェイス以外にも使用する機器にも名称のルールを設けておく方が良いです。例えばルータやスイッチには「［機種］-［フロア数］_［番号］」を、PCには「PC-［部署名］_［番号］」のように決めておけば、名前からも機器の配置位置が明確になります。

　このようにあらかじめしっかりとルールを決めておくことで、実際にネットワークを構築する際にケーブルのつなぎ間違いのようなミスもなくなりますし、障害発生時もどの機器に問題があるのかが発見しやすくなります。

ネットワーク構築のケーススタディ

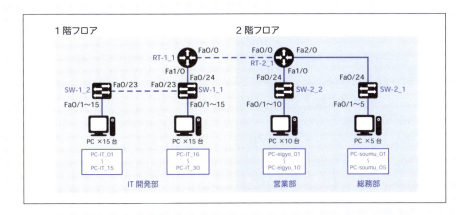

　この図にはケーブルの種類や接続するインターフェイスの番号、機器の名称といったOSI参照モデルのレイヤ1とレイヤ2に該当する情報を記載します。このような物理的な配線とその必要な情報を図にしたものを物理構成図と呼びます。

●STEP. 4　各ネットワークに適切な
　　　　　　IPアドレスを割り当てよう

　STEP.3で作成した物理構成図によって機器の配線の方法を決めました。次はそれぞれのネットワークにどのようなIPアドレスを割り当てるかを考えていきましょう。まずは今回の構成において、ネットワークがいくつあって、それぞれのネットワークに何個程度IPアドレスが必要なのかを考えていきます。STEP.3の物理構成図だと少し複雑で分かりづらいので、ルータと配線だけの図にしてみます。

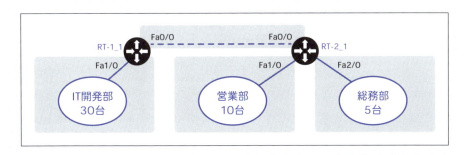

253

ネットワークはルータによってそれぞれネットワークが分割されるため、この構成では計4個のネットワークが存在することが分かりますね。
　ではそれぞれのネットワークに必要なIPアドレスの個数を算出しましょう。その際に注意する点は、IPアドレスの数にはある程度余裕を持たせておくということです。例えば営業部の場合、現在10台のPCしかないからといって/28のネットワークを割り当ててしまうと、$2^4-2=14$個のIPアドレスしか使用できないため数個のIPアドレスしか余裕がありません。営業部のネットワークを/28で設定してしまうと、部署の人数が増えてPCの数を増やす必要が出た場合や、部署内に新しくサーバやプリンタを設置する際にIPアドレスが不足してしまい、機器を増やすに増やせないといったことが起こってしまいます。
　そのような事態を避けるため、今回は各部署とも+20個分の使用可能IPアドレスがあるように余裕を持ってネットワークを割り当てることとします。ルータのインターフェイスにもIPアドレスが必要な点に注意をして、各ネットワークに必要なIPアドレスの数と適切なサブネットマスクを算出すると次のようになります。

ネットワーク	IPアドレスの数	適切なサブネットマスクの位置
IT開発部	51個（PC：30台、ルータのインターフェイス：1個、予備：20個）	/26より左
営業部	31個（PC：10台、ルータのインターフェイス：1個、予備：20個）	/26より左
総務部	26個（PC：5台、ルータのインターフェイス：1個、予備：20個）	/27より左
ルータ間のネットワーク	22個（PC：0台、ルータのインターフェイス：2個、予備：20個）	/27より左

　営業部ネットワークのサブネットマスクに少し注意が必要ですね。/27に設定しても$2^5=32$個のIPアドレスがあるため一見すると問題ないように思えますが、ネットワークの中には機器に設定することができないネットワークアドレスとブロードキャストアドレスが必ず存在します。/27のネットワークでは設定可能なIPアドレスの数は$32-2=30$個となり、数が不足してしまうので、営業部ネットワークには/26より大きなネットワークを設定しなければなりません。
　これで各ネットワークの大きさ（サブネットマスク）も決めることができたので、適切なネットワークアドレスを割り当てていきましょう。今回は「〈条件❽〉使用するIPアドレスは192.168.1.0/24のネットワークをサブネット化して使用することとします」というルールがあるため、192.168.1.0～192.168.1.255までの256個のIPアドレスを4つのネットワークに重複しな

いように分割して割り当てていきます。

●ネットワークアドレスの割り当て例①

ネットワーク	ネットワークアドレス	IPアドレスの範囲	機器に設定可能なIPアドレスの範囲
IT開発部	192.168.1.0/26	192.168.1.0 〜 192.168.1.63	192.168.1.1 〜 192.168.1.62
営業部	192.168.1.64/26	192.168.1.64 〜 192.168.1.127	192.168.1.65 〜 192.168.1.126
総務部	192.168.1.128/27	192.168.1.128 〜 192.168.159	192.168.1.129 〜 192.168.158
ルータ間のネットワーク	192.168.1.160/27	192.168.1.160 〜 192.168.1.191	192.168.1.161 〜 192.168.1.190

ネットワークアドレスを割り当てる際には次の2点を意識すると良いでしょう。

> ①必要なIPアドレスの数があるネットワークの大きさにする（=適切なサブネットマスクにする）こと
> ②IPアドレスの範囲が他のネットワークと重複しないようにすること

また、今回の例ではIT開発部から順番に小さいIPアドレスのネットワークを割り当てていきましたが、そのようなルールがあるわけではありません。上記2点のルールを守っていればどのようなネットワークアドレスを割り当てるかはネットワーク管理者の自由です。そのため、次のようなネットワークアドレスを割り当てても全く問題ありません。

●ネットワークアドレスの割り当て例②（IPアドレスの大きい方から順に割り当てた例）

ネットワーク	ネットワークアドレス	IPアドレスの範囲	機器に設定可能なIPアドレスの範囲
IT開発部	192.168.1.192/26	192.168.1.192 〜 192.168.1.255	192.168.1.193 〜 192.168.1.254
営業部	192.168.1.128/26	192.168.1.128 〜 192.168.1.191	192.168.1.129 〜 192.168.1.190
総務部	192.168.1.96/27	192.168.1.96 〜 192.168.127	192.168.1.97 〜 192.168.126
ルータ間のネットワーク	192.168.1.64/27	192.168.1.64 〜 192.168.1.95	192.168.1.65 〜 192.168.1.94

●ネットワークアドレスの割り当て例③（一部連続せずに割り当てた例）

ネットワーク	ネットワークアドレス	IPアドレスの範囲	機器に設定可能なIPアドレスの範囲
IT開発部	192.168.1.0/26	192.168.1.0 〜 192.168.1.63	192.168.1.1 〜 192.168.1.62
営業部	192.168.1.64/26	192.168.1.64 〜 192.168.1.127	192.168.1.65 〜 192.168.1.126
総務部	192.168.1.192/27	192.168.1.192 〜 192.168.223	192.168.1.193 〜 192.168.1.222
ルータ間のネットワーク	192.168.1.224/27	192.168.1.224 〜 192.168.1.255	192.168.1.225 〜 192.168.1.254

●STEP．5　IPアドレスが記載された図を描いてみよう

　各ネットワークのネットワークアドレスを決めたら、次は各機器に設定するIPアドレスを決めていきます。今回は「ネットワークアドレスの割り当て例①」のネットワークアドレスを各ネットワークに割り当てることにします。

　IPアドレスには優劣は存在しないため、同じネットワーク内のIPアドレスであれば、どの機器に何を割り当てても問題ありません。例えばIT開発部に192.168.1.0/26のネットワークを割り当てる場合、利用できる中で一番小さいIPアドレスである192.168.1.1をルータのインターフェイスに割り当てなければならないとか、逆にPCには大きなIPアドレスを割り当てなければならないというようなルールは存在しません。ネットワーク内のIPアドレスの中から、好きな機器に好きなIPアドレスを自由に割り当てることできます。ただし自由に設定できる反面、やみくもに設定してしまうとどの機器にどのようなIPアドレスを設定したかが分からなくなってしまい、後々困ってしまうことがあります。そのため、設定するIPアドレスにもルールを設けておいた方が良いでしょう。一例をあげると、「PCなどのユーザが使用する機器には、ネットワーク内の小さいIPアドレスから順番に割り当てる」や、「ルータなどのネットワーク機器には大きいIPアドレスから順番に割り当てる」のようなルールです（もちろん逆でも構いません）。今回は〈条件❿〉にもある通り、PCには手動でIPアドレスを設定するため、「PCには小さいIPアドレスから順番に割り当て、ルータにはネットワーク内の大きいIPアドレスから順番に割り当てる」というルールを定めて、IPアドレスを設定していくことにします。

　設定するIPアドレスが決まったら、物理構成図と同じようにIPアドレスが記載された図を描いてみましょう。ただ、物理構成図にIPアドレスの情報も追記してしまうと見づらくなってしまうこともあるので、今回はスイッチの図は省略して、ネットワークとIPアドレス情報だけを記載した別の図として作成してみます。

　各ネットワークのネットワークアドレスは枠で囲み、実際に機器に設定するIPアドレスは省略して第4オクテットのみ記載しています。このようにネット

ネットワーク構築のケーススタディ

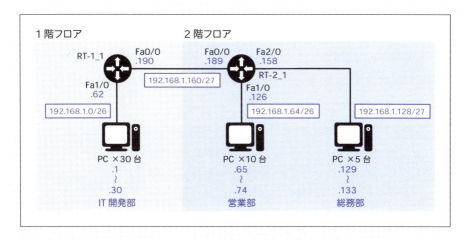

ワークアドレスやIPアドレスが記載されている図を作成しておくと、実際にルータなどに設定を行ってネットワークを構築する際にも非常に役に立ちます。

STEP.3では物理的な配線や接続インターフェイスといった、物理的な情報を図にまとめた物理構成図を作成しました。対して今回作成した図はIPアドレスなどの論理的な情報を図にまとめたものになりますので、論理構成図と呼びます。物理構成図はレイヤ1・レイヤ2に関連する物理的な配線図を記載し、論理構成図にはレイヤ3つまりIPアドレスに関連する論理的なネットワークの接続図を記載しています。この2つの構成図はネットワークを構築する際に必ず作成する大切な図になります。

●STEP.6　ルータに設定するコマンドを考えよう

ここまでで物理構成図と論理構成図を作成し、ネットワークの全体の具体的な接続やIPアドレスを決めてきました。最後に構成図に基づいて実際に各部署間が通信できるように機器に設定を行っていきましょう。

まずスイッチの設定ですが、6-5でも述べたように、スイッチはルータとは異なり、電源が入っていればケーブルを差すだけで通信ができます。そのため、

今回のように通信を行うためだけであれば特に設定は必要ありませんので（機器の名前は変更する必要がありますが）、スイッチの設定は割愛します。

次にルータの設定を行っていきます。PCのIPアドレスはDHCPを使用せずに手動で設定を行うため、特にルータにDHCPサーバの設定も必要ありません。今回ルータに行う設定は次の3つになります。

> ①ルータの名前の変更
> ②インターフェイスの設定（IPアドレスの設定とインターフェイスの有効化）
> ③ルーティングの設定（スタティックルーティングで行う）

どれも6時間目に学んだ設定ですね。1つずつ再確認していきましょう。1階フロアと2階フロアのそれぞれのルータの設定を確認していきます。

①ルータの名前の変更

1階フロアのルータは「RT-1_1」、2階フロアのルータは「RT-2_1」という名前なので、グローバルコンフィギュレーションモードでhostname <名前>コマンドを実行すれば良いだけですね。

[1階フロアのルータ]

```
Router>
Router>enable
Router#configure terminal
Enter configuration commands, one per line.  End with CNTL/Z.
Router(config)#hostname RT-1_1
RT-1_1(config)#
```

[2階フロアのルータ]

```
Router>
Router>enable
Router#configure terminal
Enter configuration commands, one per line.  End with CNTL/Z.
Router(config)#hostname RT-2_1
RT-2_1(config)#
```

このように初期状態のルータ名「Router」から各ルータの名前を変更して区別しておきます。

②インターフェイスの設定

次にインターフェイスの設定です。インターフェイスの設定はIPアドレスの設定と有効化の設定の2つを行う必要がありました。①の設定の続きからそれぞれ見ていきましょう。

[1階フロアのルータ]

```
RT-1_1(config)#interface FastEthernet 0/0
RT-1_1(config-if)#ip address 192.168.1.190 255.255.255.224
RT-1_1(config-if)#no shutdown
RT-1_1(config-if)#exit
RT-1_1(config)#interface FastEthernet 1/0
RT-1_1(config-if)#ip address 192.168.1.62 255.255.255.192
RT-1_1(config-if)#no shutdown
RT-1_1(config-if)#exit
RT-1_1(config)#
```

[2階フロアのルータ]

```
RT-2_1(config)#interface FastEthernet 0/0
RT-2_1(config-if)#ip address 192.168.1.189 255.255.255.224
RT-2_1(config-if)#no shutdown
RT-2_1(config-if)#exit
RT-2_1(config)#interface FastEthernet 1/0
RT-2_1(config-if)#ip address 192.168.1.126 255.255.255.192
RT-2_1(config-if)#no shutdown
RT-2_1(config-if)#exit
RT-2_1(config)#interface FastEthernet 2/0
RT-2_1(config-if)#ip address 192.168.1.158 255.255.255.224
RT-2_1(config-if)#no shutdown
RT-2_1(config-if)#exit
RT-2_1(config)#
```

1階フロアのルータは2つ、2階フロアのルータは3つのインターフェイスを使用しているため、それぞれIPアドレスの設定と有効化の設定を行います。

③ルーティングの設定

インターフェイスの設定を行うと、ルータのルーティングテーブルには直接接続しているネットワークの情報が登録されます。よって、②までの設定を終えた状態でのそれぞれのルータのルーティングテーブルは次のようになっています。

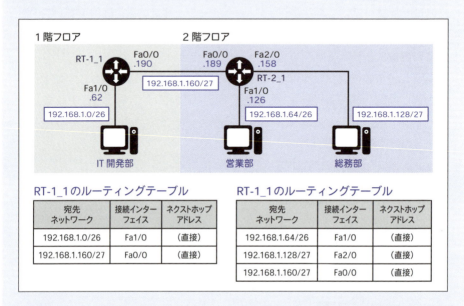

1階フロアのルータのルーティングテーブルには営業部と総務部のネットワークへのルート情報が、2階フロアのルータのルーティングテーブルにはIT開発部のネットワークへのルート情報が、それぞれ足りていませんね。この状態では、例えばIT開発部のPCから営業部のPCへと通信を行おうとしたとしても、1階フロアのルータがやってきた通信を破棄してしまい、通信が成り立ちません。そこで、それぞれのルータにスタティックルーティングの設定を行い、相互に通信ができるようにします。

1階フロアのルータにはスタティックルーティングのコマンドを2つ、2階フロアのルータには1つ設定を行います。

[1階フロアのルータ]

```
RT-1_1(config)#ip route 192.168.1.64 255.255.255.192 192.168.1.189
RT-1_1(config)#ip route 192.168.1.128 255.255.255.224 192.168.1.189
RT-1_1(config)#
```

[2階フロアのルータ]

```
RT-2_1(config)#ip route 192.168.1.0 255.255.255.192 192.168.1.190
RT-2_1(config)#
```

　1階フロアのルータは、営業部のネットワーク（192.168.1.64/26）も総務部のネットワーク（192.168.1.128/27）も、どちらのネットワークへ向かうにしても次に経由するネクストホップルータは2階フロアのルータ（192.168.1.189）になります。ネクストホップのIPアドレスの設定を間違えないようにしましょう。
　ルーティングの設定まで行うことで、両ルータのルーティングテーブルは次のようになります。

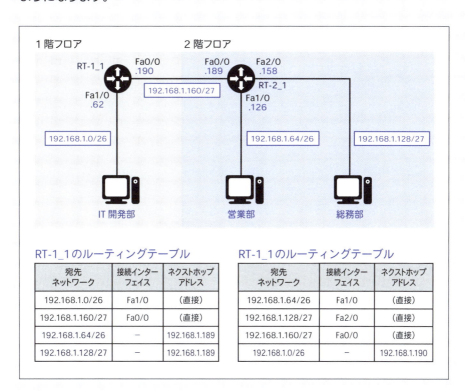

INDEX〈索引〉

〔数字〕
- 10進数 ··· 30,32
- 16進数 ··· 30,34
- 2進数 ··· 28,30,32,34
- 3ウェイハンドシェイク ··· 172

〔A〜C〕
- ACK ··· 172,174,182
- ARP ··· 152,154
- bps ··· 28
- Cisco機器 ··· 212
- CRC ··· 98
- CSMA/CD ··· 104
- CUI ··· 38

〔D〜G〕
- DHCP ··· 239
- DHCPサーバ ··· 240,242
- EIGRP ··· 206,208
- enableコマンド ··· 214
- FCS ··· 98
- GUI ··· 38

〔H〜L〕
- hostnameコマンド ··· 216
- ICMP ··· 156
- ifconfigコマンド ··· 62
- ipconfig /allコマンド ··· 60
- IPv4 ··· 116,148
- IPv6 ··· 116,148
- IPアドレス ··· 54,122
- IPヘッダ ··· 118
- ISP ··· 22
- LAN ··· 20
- LANケーブル ··· 58,82

〔M〜O〕
- MACアドレス ··· 56,92
- MACアドレステーブル ··· 194,196,198
- MDI ··· 84
- MDI-X ··· 84
- NAT ··· 146
- NIC ··· 92
- OSI参照モデル ··· 48
- OSPF ··· 206,208
- OUI ··· 92

〔P〜T〕
- PDU ··· 68
- pingコマンド ··· 156,158
- RIP ··· 206,208
- STP ··· 82
- SYN ··· 172
- TCP ··· 168,170,182
- TCP/IPモデル ··· 70
- tracerouteコマンド ··· 156,158
- TTL ··· 118

〔U〜W〕
- UDP ··· 168,170,182
- UTP ··· 82
- VPN ··· 22
- WAN ··· 20

〔あ行〕
- アプリケーション層 ··· 48,50,70
- イーサネット ··· 90
- イーサネットヘッダ ··· 96
- インターネット ··· 22
- インターネット層 ··· 70
- インターフェイス ··· 24
- インターフェイスID ··· 148
- インターフェイスコンフィギュレーションモード ··· 215
- インターフェイスの設定 ··· 200,218,220
- ウィンドウサイズ ··· 176,182
- ウェルノウンポート ··· 180
- エンドツーエンド ··· 54
- オクテット ··· 122

〔か行〕
- 拡張ディスタンスベクタ型 ··· 208
- カットスルー方式 ··· 108
- カプセル化 ··· 64
- ギガビットイーサネット ··· 90
- キャリア ··· 20
- クラス分類 ··· 128
- グローバルIPアドレス ··· 146
- グローバルコンフィギュレーションモード ··· 215
- クロスケーブル ··· 84
- コネクションの確立 ··· 172
- コネクタ ··· 80
- コリジョン ··· 102,104
- コリジョンドメイン ··· 106
- コンソールケーブル ··· 212
- コンバージェンス ··· 206

〔さ行〕
- サブネット化 ··· 128,130,132
- サブネットプレフィックス ··· 148

サブネットマスク・・・・・・・・・・・・・・・・・・・・・・・ 124,126
シーケンス番号・・・・・・・・・・・・・・・・・・・・・・・・ 174,182
順序制御・・・・・・・・・・・・・・・・・・・・・・・・・・・・・・・・・・ 174
スイッチ・・・・・・・・・・・・・・・・・・・・・・・・・・・ 26,100,192
スイッチングハブ・・・・・・・・・・・・・・・・・・ 88,100,192
スーパーネット化・・・・・・・・・・・・・・・・・・・・・・・・・・・ 128
スター型・・・・・・・・・・・・・・・・・・・・・・・・・・・・・・・・・・・・ 86
スタティックルーティング・・・・・・・・・・・・・・ 204,222
ストアアンドフォワード方式・・・・・・・・・・・・・・・ 108
ストレートケーブル・・・・・・・・・・・・・・・・・・・・・・・・・ 84
セグメント・・・・・・・・・・・・・・・・・・・・・・・・・・・・・・・・・ 182
セッション・・・・・・・・・・・・・・・・・・・・・・・・・・・・・・・・・・ 50
セッション層・・・・・・・・・・・・・・・・・・・・・・・・・・・・ 48,50
全二重通信・・・・・・・・・・・・・・・・・・・・・・・・・・・・・・・・ 102
操作モード・・・・・・・・・・・・・・・・・・・・・・・・・・・・・・・・・ 214

〔た行〕
ターミナルエミュレータ・・・・・・・・・・・・・・・・・・・ 212
ダイナミックルーティング・・・・・・・・・・・・・・ 204,206
タイプ・・・・・・・・・・・・・・・・・・・・・・・・・・・・・・・・・・・・・・ 96
ツイストペアケーブル・・・・・・・・・・・・・・・・・・・・・・ 82
ディスタンスベクタ型・・・・・・・・・・・・・・・・・・・・・ 208
データグラム・・・・・・・・・・・・・・・・・・・・・・・・・・・ 68,182
データリンク層・・・・・・・・・・・・・・・・・・・・・・ 48,56,90
デフォルトゲートウェイ・・・・・・・・・・・・・・・・・・・ 154
デフォルトルート・・・・・・・・・・・・・・・・・・・・・・ 210,224
同軸ケーブル・・・・・・・・・・・・・・・・・・・・・・・・・・・・・・・ 80
特権モード・・・・・・・・・・・・・・・・・・・・・・・・・・・・・・・・・ 215
トランスポート層・・・・・・・・・・・・・・・ 48,52,70,166
トレーラ・・・・・・・・・・・・・・・・・・・・・・・・・・・・・・・・・・・・ 98

〔な行〕
ネクストホップアドレス・・・・・・・・・・・・・・・・・・・ 198
ネットワーク・・・・・・・・・・・・・・・・・・・・・・・・・・・・ 16,18
ネットワークアーキテクチャ・・・・・・・・・・・・・・・・ 46
ネットワークアドレス・・・・・・・・ 132,134,136,138
ネットワークインターフェイス層・・・・・・・・・・・・ 70
ネットワーク層・・・・・・・・・・・・・・・・・・・・・ 48,54,116
ネットワークトポロジ・・・・・・・・・・・・・・・・・・・・・・ 86
ネットワーク部・・・・・・・・・・・・・・・・・・・・・・・・ 122,124
ノード・・・・・・・・・・・・・・・・・・・・・・・・・・・・・・・・・・・・・・ 24

〔は行〕
パーシャルメッシュ型・・・・・・・・・・・・・・・・・・・・・・ 86
バイト・・・・・・・・・・・・・・・・・・・・・・・・・・・・・・・・・・・・・・ 28
ハイブリッド型・・・・・・・・・・・・・・・・・・・・・・・・・・・・ 208
パケット・・・・・・・・・・・・・・・・・・・・・・・・・・・・・・・ 68,118
バス型・・・・・・・・・・・・・・・・・・・・・・・・・・・・・・・・・・・・・・ 86
バッファ・・・・・・・・・・・・・・・・・・・・・・・・・・・・・・・・・・・ 176
ハブ・・ 26
半二重通信・・・・・・・・・・・・・・・・・・・・・・・・・・・・・・・・ 102
非カプセル化・・・・・・・・・・・・・・・・・・・・・・・・・・・・・・・ 66

光ファイバケーブル・・・・・・・・・・・・・・・・・・・・・・・・ 82
ビット・・・・・・・・・・・・・・・・・・・・・・・・・・・・・・・・・・・ 28,68
ファストイーサネット・・・・・・・・・・・・・・・・・・・・・・ 90
フィルタリング・・・・・・・・・・・・・・・・・・・・・・・・・ 56,192
物理層・・・・・・・・・・・・・・・・・・・・・・・・・・・・・・・ 48,58,80
プライベートIPアドレス・・・・・・・・・・・・・・・・・・・ 146
フラグ・・・・・・・・・・・・・・・・・・・・・・・・・・・・・・・・・・・・・ 182
フラグメントフリー方式・・・・・・・・・・・・・・・・・・・ 108
フラッディング・・・・・・・・・・・・・・・・・・・・・・・・・・・・ 194
フルメッシュ型・・・・・・・・・・・・・・・・・・・・・・・・・・・・・ 86
フレーム・・・・・・・・・・・・・・・・・・・・・・・・・・・・・・・・ 68,96
プレゼンテーション層・・・・・・・・・・・・・・・・・・・ 48,50
プレフィックス表記・・・・・・・・・・・・・・・・・・・・・・・ 124
フロー制御・・・・・・・・・・・・・・・・・・・・・・・・・・・・・・・・ 176
ブロードキャスト・・・・・・・・・・・・・・・・・・・・・・・・・・・ 72
ブロードキャストアドレス・・・・・・ 132,134,136,138
ブロードキャストドメイン・・・・・・・・・・・・・・・・・ 106
プロトコル・・・・・・・・・・・・・・・・・・・・・・・・・・・・・・・・・・ 46
プロトコルスタック・・・・・・・・・・・・・・・・・・・・・・・・ 46
プロバイダ・・・・・・・・・・・・・・・・・・・・・・・・・・・・・・・・・ 22
ペイロード・・・・・・・・・・・・・・・・・・・・・・・・・・・・・・・・・ 68
ベンダ・・・・・・・・・・・・・・・・・・・・・・・・・・・・・・・・・・・・・・ 58
ベンダコード・・・・・・・・・・・・・・・・・・・・・・・・・・・・・・・ 92
ポート番号・・・・・・・・・・・・・・・・・・・・・・・・・ 52,178,180
ホスト部・・・・・・・・・・・・・・・・・・・・・・・・・・・・・・ 122,124

〔ま行〕
マルチキャスト・・・・・・・・・・・・・・・・・・・・・・・・・・・・・ 72
メッシュ型・・・・・・・・・・・・・・・・・・・・・・・・・・・・・・・・・ 86
メッセージ・・・・・・・・・・・・・・・・・・・・・・・・・・・・・・・・・ 68
メトリック・・・・・・・・・・・・・・・・・・・・・・・・・・・・・・・・ 206

〔や行〕
ユーザモード・・・・・・・・・・・・・・・・・・・・・・・・・・・・・・ 215
ユニキャスト・・・・・・・・・・・・・・・・・・・・・・・・・・・・・・・ 72

〔ら行〕
リソース・・・・・・・・・・・・・・・・・・・・・・・・・・・・・・・・・・・・ 18
リピータハブ・・・・・・・・・・・・・・・・・・・・・・・・・・・ 88,192
リンク・・・・・・・・・・・・・・・・・・・・・・・・・・・・・・・・・・・・・・ 24
リング型・・・・・・・・・・・・・・・・・・・・・・・・・・・・・・・・・・・・ 86
リンクステート型・・・・・・・・・・・・・・・・・・・・・・・・・ 208
ルータ・・・・・・・・・・・・・・・・・・・・・・・・・・・・・・ 26,120,192
ルーティング・・・・・・・・・・・・・・・・・・・・・・・・・・・ 54,120
ルーティングコンフィギュレーションモード・・・・・・・ 215
ルーティングテーブル・・・・・・・・・・・・・ 120,200,202
ルーティングの設定・・・・・・・・・・・・・・・・・・・・・・・ 202
ルーティングプロトコル・・・・・・・・・・・・・・・・・・・ 206
レイヤ・・・・・・・・・・・・・・・・・・・・・・・・・・・・・・・・・・・・・・ 48

著者プロフィール

林口 裕志（はやしぐち・ゆうじ）

IT スクール「システムアーキテクチュアナレッジ」で、
主に CCNA や CCNP といったネットワーク系の担当講師を務める。
また、Linux・Windows といったサーバ系、Java・PHP・Python といった
プログラミング系の講義などもマルチにこなす。
講師業以外にも数々の開発案件やセキュリティ診断の案件などを担当し、
そこから得られる IT 業界のトレンドや最新技術に常に目を光らせている。
数多くの例え話や実際の業務での体験談を織り交ぜながら進める講義は受講する生徒にも好評を得ており、
IT 業界未経験・PC スキルがゼロに等しい生徒であっても、
その分かりやすい説明で CCNA 合格を最短距離で導いている。
CCNA の講義だけでも年間 100 名以上の生徒を担当し、その合格率は 9 割以上を誇る。

シスコ技術者認定教科書
図解でスッキリ！ パッとわかる CCNA（シーシーエヌエー）の授業

2019 年 5 月 13 日 初版第 1 刷発行
2025 年 3 月 10 日 初版第 5 刷発行

- 著　者‥‥‥‥ 林口 裕志
- 発行人‥‥‥‥ 佐々木 幹夫
- 発行所‥‥‥‥ 株式会社 翔泳社（https://www.shoeisha.co.jp）
- 印刷・製本‥‥ 日経印刷 株式会社

©2019 Yuji Hayashiguchi

- 装丁・デザイン‥‥‥‥ 小島 トシノブ（NONdesign）
- DTP‥‥‥‥‥‥‥‥‥ 佐々木 大介／吉野 敦史（株式会社 アイズファクトリー）

本書は著作権法上の保護を受けています。本書の一部または全部について（ソフトウェアおよびプログラムを含む）、株式会社 翔泳社から文書による許諾を得ずに、いかなる方法においても無断で複写、複製することは禁じられています。
本書へのお問い合わせについては、2 ページに記載の内容をお読みください。
落丁・乱丁はお取り替えいたします。03-5362-3705 までご連絡ください。

ISBN978-4-7981-6004-7　　　　　　　　　　　　　　　　　Printed in Japan